Sherif Keshk

Portée de la production de cellulose bactérienne

Sherif Keshk

Portée de la production de cellulose bactérienne

ScienciaScripts

Imprint

Any brand names and product names mentioned in this book are subject to trademark, brand or patent protection and are trademarks or registered trademarks of their respective holders. The use of brand names, product names, common names, trade names, product descriptions etc. even without a particular marking in this work is in no way to be construed to mean that such names may be regarded as unrestricted in respect of trademark and brand protection legislation and could thus be used by anyone.

Cover image: www.ingimage.com

This book is a translation from the original published under ISBN 978-3-8443-0211-0.

Publisher:
Sciencia Scripts
is a trademark of
International Book Market Service Ltd., member of OmniScriptum Publishing Group
17 Meldrum Street, Beau Bassin 71504, Mauritius
Printed at: see last page
ISBN: 978-620-2-85400-9

Copyright © Sherif Keshk
Copyright © 2021 International Book Market Service Ltd., member of OmniScriptum Publishing Group

1. Introduction

La cellulose revêt une grande importance dans la recherche fondamentale et les applications industrielles. La cellulose bactérienne (BC) présente des avantages considérables par rapport à la cellulose naturelle. Les fibrilles de la C.-B. peuvent être orientées régulièrement ou aléatoirement selon le type d'incubation (statique, secouée ou agitée). Le BC est produit sous forme de membrane jamais séchée à partir d'une culture statique sous une forme presque pure, contenant 99,1% en poids d'eau, dont 0,3% en poids est lié et 98,8% en poids est anhydre. Il a une surface plus de 200 fois supérieure à celle de la cellulose de bois tendre isolée et a une résistance à la traction similaire à celle de l'acier. Il existe de nombreux marchés potentiels de grande valeur pour les couches minces en Colombie-Britannique, notamment les membranes acoustiques, la peau artificielle, les vaisseaux sanguins artificiels, les super-sorbants et les membranes spécialisées. Malheureusement, le prix actuel des médias et le faible taux de production de BC limitent son utilisation commerciale. Les marchés potentiels pour la Colombie-Britannique comprennent les industries alimentaire et minière (Nata de coco) et l'industrie de la pâte à papier (en tant qu'additifs pour améliorer les propriétés du papier). Un nouveau marché important est celui de l'utilisation dans le domaine médical. La cellulose bactérienne synthétisée (BASYC) a été développée directement pendant la culture sous une forme tubulaire pour développer des biomatériaux. Ces produits façonnés ont été utilisés comme couvertures dans la chirurgie micro-neurale expérimentale et dans les vaisseaux sanguins artificiels. Tous les articles de synthèse écrits sur la CB portaient sur la nature de la structure et de la biosynthèse de la cellulose et ses applications. Il n'existe pas de livre qui résume tous les sujets concernant la Colombie-Britannique pour aider les débutants ou les étudiants avancés à comprendre ce qu'est la Colombie-Britannique. Dans ce livre, nous allons examiner en profondeur l'histoire, l'occurrence et les mécanismes de production de la CB en deux parties pour les expliquer au débutant, et dans la seconde partie nous allons examiner les progrès de la CB, y compris l'utilisation de diverses sources de carbone (y compris les déchets agro-industriels) pour minimiser le coût de production de la CB grâce à des études de l'effet de divers additifs sur la structure résultante de la CB. Nous étudierons également en détail la réactivité de la BC aux réactions chimiques afin de clarifier l'importance de ses dérivés. En outre, nous discuterons en détail de l'importance de la CB dans les applications industrielles et médicales.

1.1. Principales voies d'accès à la cellulose

Jusqu'à présent, il existe quatre façons différentes de former le biopolymère cellulose. La première est la méthode la plus populaire et la plus importante sur le plan industriel pour produire de la cellulose à partir de plantes, y compris les procédés de séparation pour éliminer la lignine et les hémicelluloses (Keshk et al, 2005, 2006). La deuxième voie consiste en la biosynthèse de la cellulose par différents types de microorganismes. Les algues (*Vallonia*), les champignons (*Saprolegnia, Dictstelium discoideum*) ou les bactéries (*Gluconacetobacter, Achromobacter, Aerobacter, Agrobacterium, Pseudomonas, Rhizobium, Sarcina, Alcaligenes, Zoogloea*) sont connus dans la littérature (Vandamme et al, 1998). Cependant, toutes ces espèces bactériennes ne sont pas capables de sécréter la cellulose synthétisée sous forme de fibres extracellulaires. Il faut souligner la première synthèse enzymatique in vitro à partir du fluorure de cellobiosyle (Brown et al, 1976, Kobayashi et al, 1991) et la première chimiosynthèse du glucose par polymérisation par ouverture de cycle de dérivés benzylés et pivaloylés (Nakatsubo et al, 1996). La synthèse de la cellulose bactérienne est un processus précis et spécifiquement contrôlé en plusieurs étapes impliquant un grand nombre d'enzymes individuelles et de complexes de protéines catalytiques et régulatrices dont la structure supramoléculaire n'est pas encore précisément définie. Les voies et mécanismes de la synthèse de l'uridine diphosphoglucose (UDPGlc) sont relativement bien connus, tandis que les mécanismes moléculaires de la polymérisation du glucose en chaînes longues et non ramifiées restent à étudier. Les réactions biochimiques de la synthèse de la cellulose par *G. xylinus* sont bien documentées (Brown,1987 et Delmer,1995). Il s'agit d'un processus précis et spécifiquement contrôlé en plusieurs étapes impliquant un grand nombre d'enzymes individuelles et un complexe de protéines catalytiques et régulatrices (figure 1). Le processus implique la formation d'UDPGlc, le précurseur de la formation de la cellulose, suivie de la polymérisation du glucose en chaîne -14-glucane et d'une chaîne résultante qui forme une structure en ruban de chaînes de cellulose constituée de centaines, voire de milliers de chaînes de cellulose individuelles, leur extrusion à l'extérieur de la cellule et leur auto-assemblage en fibrilles (Chang el al, 2001).

Chez *G. xylinus, la* synthèse de la cellulose est étroitement liée aux processus d'oxydation catabolique et consomme jusqu'à 10 % de l'énergie obtenue par les réactions cataboliques. La production de cellulose bactérienne n'interfère pas avec les autres processus anaboliques, y compris la synthèse des protéines. *G. xylinus* suit soit le cycle du pentose phosphate, soit le cycle de Krebs, couplé à la gluconéogenèse (Ross et al, 1991 et Tonouchi et al, 1996).

1.2. Biosynthèse de la cellulose

La synthèse d'une membrane de cellulose extracellulaire par *Gluconacetobacter xylinus* (*G. xylinus*) a été signalée pour la première fois par A.J.Brown en 1886. Il a identifié un tapis gélatineux, qui s'est formé à la surface du bouillon pendant la fermentation acétique, comme étant chimiquement équivalent

à la cellulose de la paroi cellulaire. Les observations microscopiques ont révélé des bactéries qui étaient réparties dans toute la matrice. En revanche, des recherches intensives sur la synthèse de la CB avec *G. xylinus comme* bactérie modèle ont commencé avec Hestrin et Schramm (1954).

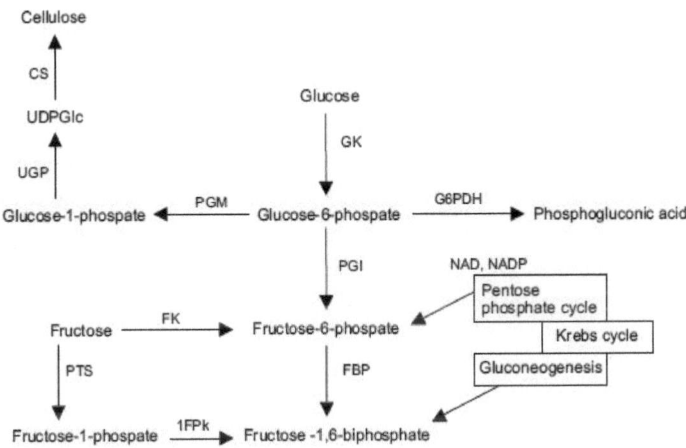

CS : Cellulose-Synthase ; GK : Glucokinase, FBP : Fructose-1,6-Biphosphatse, FK : Fructokinase ; 1FPk : Fructose-1-Phosphatkinase ; IGP : Phosphoglucoisomérase ; PMG : Phosphoglucomutase ; PTS : Système von Phosphotransferasen, UGP : Pyrophosphorylase : Uridindiphosphoglucose, UDPlc : Uridindiphosphoglucose ; G6PDH : Glucose-6-phosphat-Dehydrogenase ; NAD : Nicotinamid-Adenin-Dinucleotid ; NADP : Nicotinamid-Adenin-Dinucleotid-Phosphat.

Figure 1   Voie métabolique biochimique pour la synthèse de la cellulose par *G. xylinus*

Ensuite, Colvin et Beer (1960) ont découvert la synthèse de cellulose dans des échantillons contenant un extrait acellulaire de *G. xylinus, de* glucose et d'ATP. Dans des conditions de culture classiques. *G. xylinus* produit de la cellulose sous forme de granulés à l'interface air/liquide du milieu de culture en culture statique à partir de glucose (Hestrin et al, 1954). Comme le montre la littérature (DeWulf et al, 1996 ; Jonas et Farah, 1998), la formation de la cellulose comprend cinq processus de base à médiation enzymatique

étapes : la conversion du glucose en UDP-glucose via le glucose-6-phosphate et le glucose-1-phosphate et enfin l'ajout d'UDP-glucose à l'extrémité d'une chaîne polymère en croissance par la cellulose synthase. La cellulose synthase (UDP-glucose : 1,4-D-glycosyltransférase ; EC 2.4.1.12) est considérée comme l'enzyme essentielle dans le processus de synthèse. Elle est soumise à un mécanisme de régulation complexe qui contrôle l'activation et l'inactivation de l'enzyme (Vandamme et al., 1998). *G. xylinus* forme la cellulose entre la membrane externe et la membrane cytoplasmique. Les complexes synthétisant la cellulose ou complexes terminaux (CT) sont linéaires et disposés en relation avec les pores de la surface de la bactérie. *G. xylinus* est la bactérie productrice de cellulose la plus productive dans la nature. Une cellule unique typique peut convertir jusqu'à 108 molécules de glucose par heure en cellulose dans un premier temps. Si chacune de ces "usines" peut convertir jusqu'à 108 molécules de glucose par heure en cellulose, le produit devrait être fabriqué pratiquement sous les yeux des humains. Une seule cellule de *Gluconacetobacter* possède une série linéaire de pores à partir desquels des agrégats de polymères de la chaîne du glucane (fibrilles sous-élémentaires) sont filés dans une deuxième étape. À partir d'une centaine de ces pores, on peut produire un câble composite de polymères de glucane, à partir duquel on forme un ruban dans une troisième étape. La matrice des bandes entrelacées forme la membrane ou pellicule de cellulose bactérienne. Une analyse par intervalles de temps des cellules individuelles de Gluconacetobacter qui composent les bandes de cellulose montre une variété d'activités, chaque cellule agissant comme une nanobuse et produisant un faisceau de fibrilles submicroscopiques. Ensemble, le réseau complexe de ces fibrilles forme une membrane gélatineuse appelée pellicule. Cette membrane de cellulose pure et les cellules qu'elle contient peuvent être purifiées et séchées et le produit peut être utilisé pour de nombreuses applications nouvelles et passionnantes. L'une des propriétés uniques de cette membrane de

4

cellulose pure est qu'elle est très résistante lorsqu'elle n'est jamais séchée et peut absorber des centaines de fois son poids en eau. Cette capacité d'absorption et cette résistance élevées sont deux des nombreuses nouvelles propriétés de la cellulose microbienne (Brown, 1989 ; White et Brown, 1989 ; Brown, 1992 ; Brown, 1994). Le D-glucose en tant que source de carbone sert non seulement de source d'énergie, mais aussi de précurseur de la cellulose. Le monosaccharide est également converti en acide (céto)gluconique par déshydratation du Gluconacetobacter lié à la membrane. La conversion du glucose en acide cétogluconique n'est pas bénéfique pour la productivité globale de la cellulose. La forte baisse du pH moyen (pH final de 3,5) a probablement non seulement limité la formation de la cellulose, mais a également abaissé le pH moyen à des niveaux sous-optimaux pour la viabilité des cellules et la synthèse de la cellulose (Vandamme et al., 1998). En utilisant la CLHP, l'acide gluconique et l'acide 5-céto gluconique ont été détectés dans le bouillon de culture de *G. xylinus* pendant la culture. Alors que la présence d'acide gluconique a pu être observée dès le deuxième jour de culture en corrélation avec le début de l'utilisation du glucose, l'acide 5-cétogluconique en tant que produit secondaire oxydé n'a pu être déterminé qu'à partir du troisième jour de culture. Pour l'acide gluconique, la concentration maximale se situait entre le cinquième et le sixième jour de culture, pour l'acide 5-cétogluconique, le maximum a été atteint le septième jour de culture. À la fin de la période d'observation, l'acide gluconique et l'acide 5-céto gluconique ont été repris (Klemm et al., 2001). Comme mentionné ci-dessus, la bactérie aérobie *G. xylinus* synthétise la cellulose à l'interface air/liquide du milieu de culture en culture statique. Après une première phase, la formation de la cellulose a lieu dans la partie supérieure de la couche de cellulose. Tant que le système n'est pas secoué, le produit en forme de disque reste en suspension et glisse régulièrement vers le bas en s'épaississant, de sorte que les composants du liquide de culture doivent se diffuser à travers la toison synthétisée (Budhiono et al., 1999). En détail, le mécanisme de croissance de la cellulose est supposé être le suivant. Dans la phase initiale, les bactéries augmentent leur population en consommant l'oxygène initialement dissous dans le milieu. Pendant ce temps, ils synthétisent une certaine quantité de cellulose en phase liquide. Seules les bactéries qui sont proches de la surface et qui s'associent à l'oxygène peuvent maintenir leur activité et produire de la cellulose. Les bactéries qui se trouvent sous la surface de la pellicule sont au repos. Ils peuvent être réactivés et utilisés comme inoculum pour de nouvelles opérations de culture (Yamanaka et al, 1989 ; Yoshinaga et al, 1997 et Budhiono et al, 1999). La cellulose synthétisée par *G. xylinus* est identique dans sa structure moléculaire à la cellulose produite par les plantes. Cependant, le polysaccharide sécrété est exempt de lignine, de pectine et d'hémicellulose et d'autres produits biogènes associés à la cellulose végétale. En outre, la cellulose microbienne synthétisée de manière extracellulaire se distingue de la cellulose végétale par sa cristallinité élevée, sa grande capacité d'absorption d'eau et sa résistance mécanique à l'état humide, sa structure en réseau ultrafine, sa capacité à combattre les moisissures in situ et sa disponibilité à l'état initial humide (Jonas et Farah, 1998 et Delmer, 1999). La figure 1 montre une image au microscope électronique de la biocellulose et de la cellulose végétale. Le BC est produit par une bactérie productrice d'acide acétique, *G. xylinus*. Le diamètre de la biocellulose est d'environ 1/100 du diamètre de la cellulose végétale, et le module de Young de la biocellulose est presque égal à celui de l'aluminium. On s'attend donc à ce que la biocellulose soit un nouveau biopolymère biodégradable. Plusieurs excellentes revues et articles ont été publiés sur la nature de la structure et de la biosynthèse de la cellulose, et certaines des caractéristiques de connexion sont reproduites (Kai et al., 1994 ; Delmer et Yehudit, 1995, Tonouchi et al

1996 ; Yoshinaga et al., 1997 ; Delmer, 1999 et Keshk, 2002). Cette revue fournit un résumé des nombreux développements récents rapportés en ce qui concerne la nature de la structure des fibrilles, l'amélioration de la production de cellulose bactérienne et l'influence de divers additifs organiques sur la structure cristalline de la BC et ses applications dans diverses industries.

1.3. Les souches productrices de cellulose

La cellulose est présente dans des groupes de microorganismes tels que les champignons, les bactéries et les algues. Dans les algues vertes, la cellulose, le xylan ou le mannan peuvent servir de polysaccharides structuraux de la paroi cellulaire. La cellulose est présente, bien qu'en petites quantités, dans toutes les algues brunes (*Phaeophyta*), la plupart des algues rouges (*Rhodophyta)* et la plupart des algues dorées (*Chrysophyta)* (Richmond, 1991). On a également signalé sa présence dans certains champignons, formant une couche de paroi cellulaire interne, généralement en association avec le D-glucane lié à la protéine -13. Dans les oomycètes, la chitine est complètement remplacée par la cellulose, qui représente environ 15 % de la masse de la paroi sèche (Isizawa et Araragi, 1976). Les espèces à Gram négatif telles que *Gluconacetobacter Agrobacterium, Achromobacter, Aerobacter, Sarcina, Azotobacter, Rhizobium, Pseudomonas, Salmonella* et *Alcaligenes* produisent de la cellulose. La cellulose est également synthétisée par la bactérie à Gram positif *Sarcina ventriculi*, qui représente environ 15% de la masse totale des cellules sèches (Bellamy,1974). Les producteurs de cellulose les plus efficaces sont *G. xylinus* (Gromet-Elhanan&Hestrin, 1963 ; Brown, 1987 et Geyer et al., 1994), A. hansenii *(Park,* 2003 ; Jung, 2005) et A. *pasteurianus (Yoshino,* 1996). *G. xylinus* a été utilisé comme microorganisme modèle pour les études fondamentales et appliquées sur la cellulose. C'est la source de cellulose bactérienne la plus étudiée en raison de sa capacité à produire des quantités relativement élevées de polymère à partir de diverses sources de carbone et d'azote (Bielecki et al., 2005). Il s'agit d'une bactérie Gram négatif aérobie en forme de bâtonnet qui produit de la cellulose sous forme de bandes extracellulaires entrelacées en tant que partie du métabolite primaire. Cette bactérie se développe et produit de la cellulose à partir d'une variété de substrats et est exempte d'activité cellulase (Puri, 1984). Il est important de conserver la souche bactérienne sélectionnée pour assurer la reproductibilité du travail et pour réduire le temps de préparation. Pour préserver la souche, différentes techniques ont été étudiées, comme la congélation dans une suspension utilisant le glycérol, le diméthyl sulfoxyde (DMSO) ou le lait écrémé comme agent protecteur et le séchage dans des gouttes de gélatine. Une méthode de conservation utile doit avoir un taux de survie élevé de

G. xylinus , et ne devrait pas avoir d'influence sur la formation de la cellulose.

L'utilisation de glycérol et de lait écrémé comme antigel n'est pas recommandée car ils modifient la structure de la cellulose produite par *G. xylinus* et affectent le métabolisme bactérien. Il a été démontré que la congélation en suspension avec du DMSO est plus efficace avec des taux de survie élevés et sans influence déterminable sur la structure de la cellulose bactérienne produite. Le séchage des cellules bactériennes dans des gouttelettes de gélatine n'a eu aucune influence sur la structure morphologique et les paramètres cinétiques, mais a montré un taux de survie très faible (Wiegand et Klemm, 2006).

1.4. Purification de la cellulose bactérienne

Il existe deux méthodes principales de nettoyage, l'une avec du NaOH bouilli (1%), suivie d'une acidification à l'acide acétique et d'un lavage à l'eau réussi (Kai & Keshk, 1998). Une autre méthode consistait à faire bouillir du dodécylsulfate de sodium, puis à le laver à l'eau (Keshk & Kai, 2000). Ces méthodes de nettoyage ont servi à éliminer les cellules *G.* xylinus ainsi que les composants du liquide de culture qui sont intégrés dans le réseau de cellulose (Kai & Keshk, 1998,1999). D'autre part, le ou les précurseurs de la cellulose bactérienne provenant de cultures de *G. xylinus* peuvent être séparés par chromatographie d'élution de cellules lyophilisées à l'aide de chloroforme, d'acétone et de 20% de méthanol dans l'acétone. La dernière fraction contenant le composé peut être purifiée par précipitation du glucose par l'éther diéthylique et par séparation des phases en éther de pétrole, tous deux à basse température. La capacité de la fraction purifiée à former des microfibrilles de cellulose a été démontrée par la microscopie électronique. Le composé actif de la fraction a été identifié expérimentalement par chromatographie sur couche mince, est très labile et a les propriétés d'un lipide ou d'une substance similaire (Colvin al, 1971).

1.5. Structure de la cellulose bactérienne

La cellulose est un polymère linéaire d'unités de -(14)-D-glucopyranose en $^{4}C_{1}$-Conformation La conformation entièrement équatoriale des résidus de glucopyranose liés à l'amylose stabilise la structure des selles et minimise leur flexibilité (par *exemple, par rapport aux* résidus de glucopyranose liés à l'amylose, un peu plus flexibles) (figure 2).

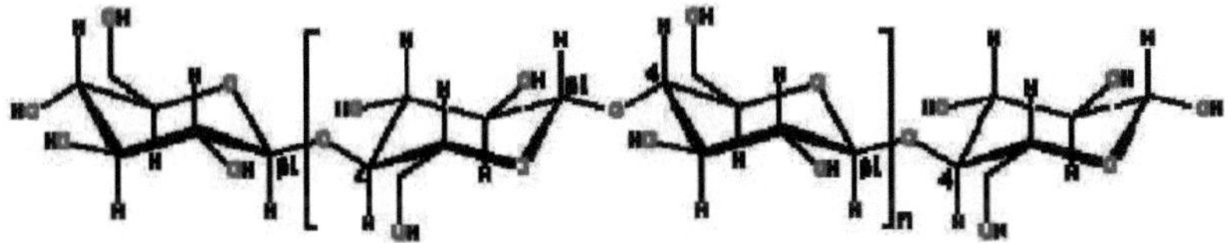

Figure 2.   Structure chimique de la cellulose

La cellulose est une molécule insoluble composée de 2000 à 14000 résidus, bien que certaines préparations soient légèrement plus courtes. Il forme des cristaux (cellulose I) dans lesquels des liaisons hydrogène intramoléculaires (O3-HO5' et O6H-O2') et intrabrins (O6-HO3') maintiennent le réseau à plat, permettant aux surfaces des bandes plus hydrophobes de s'empiler. Chaque résidu est orienté à 180° par rapport au suivant, la chaîne synthétisant deux résidus à la fois. Des recherches approfondies sur la BC ont montré qu'elle est chimiquement identique au PC de la cellulose végétale, mais qu'elle en diffère par sa structure macromoléculaire et ses propriétés (figure 2). La structure résultante des agrégats de BC en sous-fibrilles, qui ont une largeur d'environ 1,5 nm et sont parmi les fibres naturelles les plus fines, comparables uniquement aux fibres sous-élémentaires de cellulose que l'on trouve dans le cambium de certaines plantes et dans le mucus de quinee (Delmer et Yehudit, 1995 ; Kudlicka et al, 1995). Les sous-fibrilles de la C.-B. sont cristallisées en microfibrilles (Jonas et Farah, 1998), celles-ci sont cristallisées en faisceaux et ces derniers en bandes (Hult et al, 2003). Les dimensions des bandes sont 3-4 (épaisseur) x 70-80 nm (largeur), 3,2 x 133 nm selon Brown et al (1976) ou 4,1x117 nm selon Zaar (1979). Les fibres de cellulose, qui sont produites en battant du bois de bouleau ou de pin, sont plus grandes de deux ordres de grandeur

$(1.4\text{-}4.0\text{x}10^{2}$ et $3.0\text{-}7.5\text{x}10^{2}$ mm). Les rubans ultrafins en cellulose microbienne, qui dont la longueur varie de 1 à 9 m, forment une structure de réseau dense qui est stabilisée par des liaisons hydrogène étendues. Le BC se distingue également de son homologue végétal par un indice de cristallinité élevé (plus de 65%) et un degré de polymérisation différent (DP généralement entre 2000 et 6000) (Jonas et Farah, 1998), mais dans certains cas, il atteint 16 000 ou 20 000, alors que le DP moyen du PC varie entre 13 000 et 14 000 (Watanabe et al., 1998). Le cristal naturel est constitué de cellulose métastable I, tous les filaments de cellulose étant parallèles et aucune liaison hydrogène entre les feuilles. Cette cellulose I (c'*est-à-dire la cellulose* naturelle) contient deux phases coexistantes : la cellulose I (triclinique) et la cellulose I (monoclinique) dans des proportions différentes selon l'origine (Horii et al, 1997) (Figure 3).

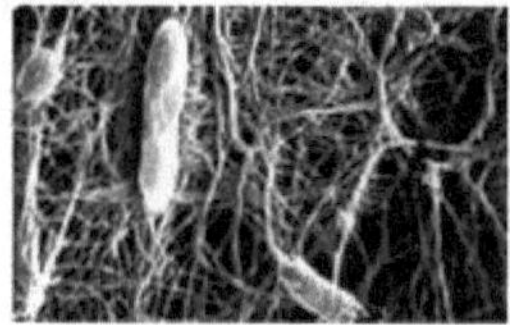

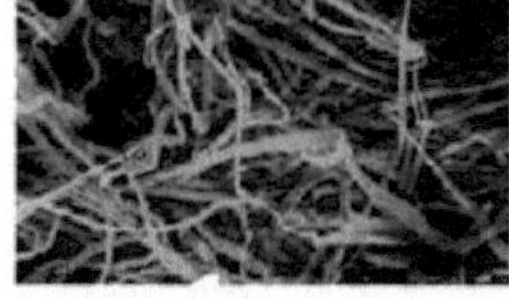

Figure 3 Scanning electron microscopy images of bacterial and plant cellulose

La proportion relative de ces deux structures cristallines différentes varie en fonction de la source de la cellulose. Dans les deux allomorphes, les molécules le long des chaînes qui louent deux unités de glucose ont une symétrie à double vis très proche de la stricte symétrie (Yamamoto et Horii, 1993). La différence entre elles est un déplacement des feuilles adjacentes liées par hydrogène le long de l'axe de la chaîne, ce qui entraîne un décalage ou un déplacement diagonal de l'unité de cellobiose d'un quart de la période de l'axe c (figure 4).

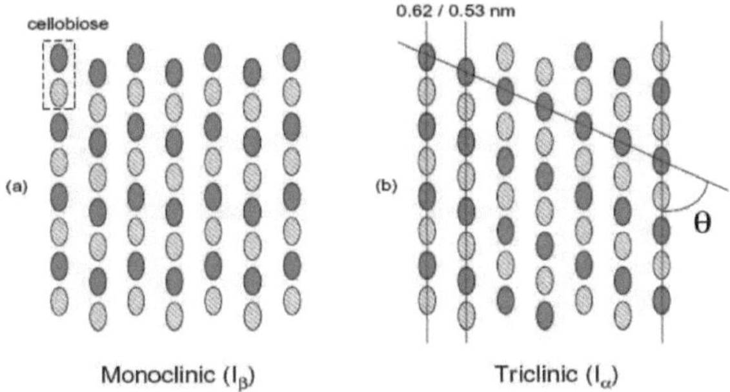

Figure 4. Représentations schématiques des différents motifs que l'on peut voir sur les deux différentes surfaces de cristaux de cellulose. Les ovales pleins et ombragés représentent les deux orientations de l'unité de glucose.

La plupart des pulpes indigènes des plantes sont un mélange des deux allomorphes. Le stress de la croissance pourrait favoriser l'une des deux formes. La forme cristalline monoclinique est dominante dans les fibres de bois de dessin des peupliers. La cellulose I et la cellulose I ont la même distance de répétition des fibres (1,043 nm pour le gradateur de répétition à l'intérieur du cristal, 1,029 nm à la surface), mais des déplacements différents des feuilles l'une par rapport à l'autre. Les feuilles adjacentes de cellulose I (constituées de chaînes identiques avec deux conformatrices de glucose alternées) sont régulièrement déplacées dans la même direction l'une par rapport à l'autre, tandis que les feuilles de cellulose I (constituées de deux feuilles alternées de conformation différente, chacune constituée de conformatrices de glucose identiques sur le plan cristallographique) sont décalées. La cellulose I et la cellulose I sont transformées l'une dans l'autre par flexion lors de la formation des microfibrilles.

La cellulose I formée et métastable se transforme en cellulose I lors du recuit. Si cela peut être recristallisé (par *exemple à* partir de la base ou du CS). ^{13}C Analyse RMN de la cellulose Application de l'approche solide $_2$

à partir de 1980 a pris un nouveau tournant dans l'analyse structurelle de la cellulose I, indiquant que la cellulose native est constituée de deux structures cristallines différentes, la cellulose I_α et I_β (Vander hart et Atalla,

1984). La figure (5) montre l' analyse RMN-^{13}C à l'état solide de la cellulose I_α à partir de la

Cellulose (MC) et cellulose de I_β Coton et cellulose chimiquement synthétisée II (Keshk et Kai, 2000). La principale différence entre la cellulose I_α et I_β est visible dans le schéma de la résonance C1 autour de 106 ppm, la résonance singlet pour Iα et la résonance doublet pour Iβ. Hirai *et al* (1987) ont rapporté que de la cellulose presque pure I_β pouvait être préparée à partir d'échantillons riches en cellulose I_α par traitement hydrothermique dans des conditions légèrement alcalines à 260° pendant 30 min. Comme la cellulose I_β est irréversiblement formée à partir de la cellulose Iα, la structure de la cellulose I_β doit être thermodynamiquement plus stable que celle de la cellulose Iα. La cellulose I_α se cristallise en microfibrilles plus grandes, tandis que la cellulose I_β se forme en microfibrilles plus petites. La cellulose I_α doit être cristallisée dans un état énergétique supérieur à celui de la cellulose Iβ, car la conversion cristalline de la cellulose I_α en I_β est induite à des températures plus élevées. La cellule unitaire de la cellulose I_α est une cellule unitaire triclinique et celle de la cellulose I_β est une cellule unitaire monoclinique (figure 4).

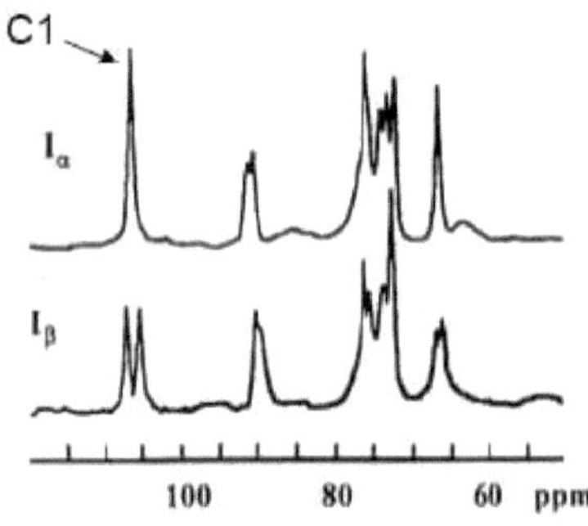

Figure 5.   État solide ^{13}C Spectres RMN de la cellulose I et de la cellulose I

Pourquoi y a-t-il deux allomorphes ? et pourquoi leur ratio varie-t-il de nature ?
Une approche pour répondre à ces questions est la caractérisation du processus de cristallisation d'une bactérie productrice de cellulose, *G. xylinus*, comme système modèle. La biosynthèse de la cellulose par cette bactérie a été relativement bien étudiée et son rapport est modifié de K parallèlement à l'axe longitudinal de la cellule bactérienne. Les synthases de cellulose aux sites respectifs produisent 12 à 15 chaînes de cellulose et les extrudent sous forme de fines fibrilles d'une largeur latérale d'environ 1,5 nm (ces fines fibrilles sont souvent appelées fibrilles supplémentaires) à travers les petits pores de la membrane extérieure dans le milieu de culture. Ces fibrilles supplémentaires s'agrégent pour former des microfibrilles d'une largeur de 3 à 6 nm, et les microfibrilles résultantes s'agrégent encore pour former un arrangement de bandes typique d'une largeur latérale de 40-60 nm. Le terme de microfibrilles a été proposé pour désigner les structures de fibrilles les plus fines visibles dans le champ du microscope électronique. La cristallisation de la cellulose est induite au cours des processus d'agrégation, car les fibrilles supplémentaires peuvent être trop fines pour cristalliser. La cellulose d'algues et le BC produits par *G. xylinus* sont riches en $I\alpha$; la fraction massique moyenne de la cellulose $I\alpha$ est d'environ 0,63. Par exemple, la fraction massique de la cellulose $I\alpha$ est de 0,64 pour *Valonia macrophysa* ; 0,60 pour *Valonia aegarropila,* *0,67* pour *Chaetomorpha.* Dans le cas du BC, la fraction massique dépend également des souches et de la température de culture et se situe entre 0,64 et 0,71. Un nettoyage soigneux avec une solution alcaline aqueuse entraîne également une réduction de la teneur en cellulose $I\alpha$ du BC d'un pourcentage élevé. D'autre part, la cellulose, qui forme les parois cellulaires des plantes supérieures comme le coton et la ramie, est riche en cellulose

$I\beta$, où la fraction de masse est d'environ 0,8, comme dans la caractérisation du bois (Horii, et al, 1997).

La BC peut être produite par deux types de méthodes de culture, la culture statique et la culture en mouvement (Watanabe et al., 1998). La morphologie macroscopique de la Colombie-Britannique dépend strictement des conditions de culture. En culture statique, les bactéries accumulent des tapis de cellulose à la surface du bouillon nutritif à l'interface air-liquide riche en oxygène. Les sous-fibrilles de cellulose sont extrudées en continu à partir de pores ordonnés linéairement à la surface de la cellule bactérienne, se cristallisent en microfibrilles et forcent les os, formant des plans parallèles mais désorganisés (Jonas et Farah, 1998). Les brins de BC statiques adjacents se ramifient et se rejoignent moins fréquemment que ceux de BC produits en culture agitée sous forme de grains irréguliers, de brins en forme d'étoile et de brins fibreux qui sont bien répartis dans le bouillon de culture (Vandamme et al., 1998). Les brins de la Colombie-Britannique réticulaire en mouvement se combinent en un motif en forme de grille et ont des orientations à la fois approximativement perpendiculaires et approximativement parallèles (Watanabe et al., 1998). Les différences dans la structure tridimensionnelle de la BC en mouvement (A-BC) et de la BC statique (S-BC) sont visibles dans leurs images de microscopie électronique à balayage. Les fibrilles S-BC sont plus allongées et sont empilées les unes sur les autres de manière à croiser les crises. Les brins de A-BC sont entrelacés et courbés (Johnson et Neogi, 1989). Elles ont également une largeur de section transversale plus importante (0,1-0,2 m) que les fibrilles S-BC (généralement 0,05-0,10 m) (figure 3). Ces différences morphologiques entre S-BC et A-BC contribuent à des degrés différents de la taille des cristallites et de la teneur en I-cellulose.

1.6. Conditions de culture

Le choix d'une technique de culture dépend de la détermination commerciale ultérieure des biopolymères, étant donné que l'ultrastructure de la cellulose et ses propriétés physiques et mécaniques, comme nous l'avons déjà mentionné, sont strictement influencées par les conditions de culture. Dans des conditions de culture stationnaires, une membrane BC épaisse et gélatineuse s'accumule à la surface de la culture, tandis que dans des conditions de culture sous agitation, la cellulose peut être produite sous forme de suspension fibreuse, de masses irrégulières, de granulés ou de sphères (Ross et al, 1991 et Watanabe et al, 1998) (Figure 6). Alors que la culture stationnaire a été largement étudiée et utilisée pour la production de certains produits cellulosiques commerciaux à succès (Nata de Coco, membranes soniques, matériaux pour pansements), la culture agitée est considérée comme plus adaptée aux taux de production plus élevés potentiellement réalisables (Budhiono et al, 1999 et Kouda et al, 1998). Cependant, la production de cellulose dans des fermenteurs avec agitation et aération continues rencontre de nombreux problèmes, notamment l'apparition spontanée de non-producteurs de cellulose (mutants), ce qui contribue au déclin de la synthèse des polymères (Ross et al., 1991). Des études récentes ont montré que dans les cultures agitées, un apport élevé en oxygène et un taux d'agitation volumétrique élevé sont nécessaires pour augmenter la productivité de la C.-B. (Kouda et al., 1998). D'autres facteurs tels que la configuration de l'agitateur, l'influence de la pression de l'oxygène et du dioxyde de carbone sur la productivité de la C.-B. ont été étudiés (Yoshinaga et al., 1997). Chao et al (2000) ont utilisé avec succès un réacteur de transport aérien alimenté en gaz enrichi en oxygène pour améliorer le taux de transfert d'oxygène et obtenir un taux de production de cellulose élevé. Sakairi et al (1998) ont rapporté une culture statique et continue en boîtes dans laquelle la pellicule synthétisée à la surface est absorbée, passée dans le bain pour tuer les cellules et fixée sur le rouleau d'enroulement. La production de cellulose dans des fermenteurs horizontaux, qui est considérée comme une combinaison de cultures stationnaires et agitées, a également donné des résultats prometteurs (Bungay et al, 1997 ; Sattler et Fiedler, 1990). Cependant, le principal obstacle *rencontré* dans les cultures sous agitation et les cultures hautement aérées de *G. xylinus est* la tendance à produire de la cellulose dans des fermenteurs horizontaux.

Les souches (cel$^+$) redeviennent des mutants non producteurs de cellulose (cel$^-$), ce qui contribue à une diminution de la production de BC (Ross et al, 1991).

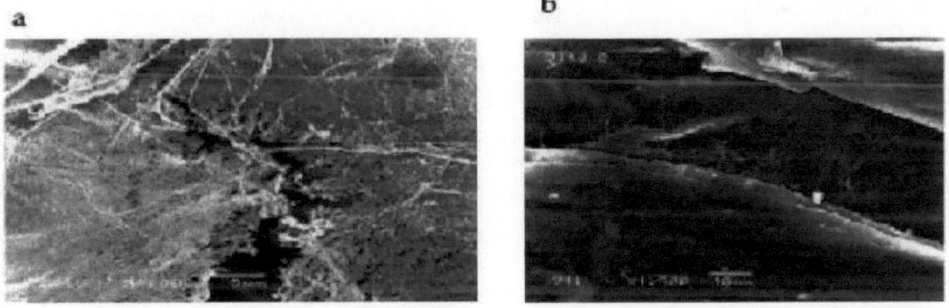

Figure 6 Images de microscope électronique à balayage de (a) la CB statique et (b) la CB agitée

Comme l'ont indiqué un certain nombre de chercheurs, dans des conditions de culture stationnaire qui ne sont

permettent une aération uniforme du milieu, les Celcolonies   (rondes gélatineuses et clairement convexes

colonies) dominent. Ce phénomène peut s'expliquer par les cellules gluconacétobactériennes Comportement pendant la culture dans différentes conditions : Dans des conditions statiques, les cellules synthétisant la cellulose se déplacent vers l'interface milieu-air riche en oxygène où elles forment une membrane gélatineuse qui limite l'accès de l'oxygène aux parties inférieures de la culture. Dans les cultures agitées, qui assurent une aération suffisante et uniforme, une croissance cellulaire intensive est préférable à

Synthèse de polymères conduisant à la dominance des colonies de cellules (généralement des colonies plates et émoussées) dans toute la culture

1.7 Modification génétique pour la production de cellulose bactérienne

G. xylinus a été étudié comme un organisme modèle pour la biosynthèse de la cellulose. Cet organisme possède un opéron de la cellulose synthase (opéron AxCes) constitué de trois ou quatre gènes (Wong et al, 1990 ; Saxena et al, 1994 ; Nakai et al, 1998 et Kawano et al, 2002). De plus, deux gènes, *cmcax* et *ccpax, sont* situés dans la région amont de l'opéron (Standal et al, 1994). DeWulf et al (1996) ont tenté d'améliorer génétiquement la productivité de la cellulose en produisant un mutant avec une synthèse restreinte de cétogluconate. Ils ont utilisé la mutagenèse UV pour obtenir un mutant non producteur de cétogluconate à partir d'une souche parentale et leur production de cellulose est passée de 1,8 g/l par la souche parentale à 3,3 g/l après 10 jours de culture sous agitation. Ceci a été confirmé par le fait que lorsque *G. xylinus* utilise du *glucose* ou du saccharose comme source de carbone, le principal produit n'est pas la cellulose mais le cétogluconate, qui abaisse le pH, favorise la croissance cellulaire et consomme l'acétane UDPGlc pour l'autosynthèse, qui est également la matière première de la synthèse de la cellulose. Si l'acétane n'est pas synthétisé, la quantité d'UDPGlc utilisée pour la synthèse de la cellulose devrait augmenter, ce qui entraînera une augmentation de la production de cellulose. Ishida et al (2002) ont généré la souche mutante non productrice d'acétane, EP1, à partir de la souche parentale *G. xylinus* BPR2001. Cependant, la production de cellulose de EP1 a diminué dans la culture en flacons agités, bien que la productivité en culture statique ait été maintenue au même niveau que celle de la souche parentale BPR2001. Ils ont constaté que le bouillon de culture de EP1 devenait une suspension hétérogène dans le flacon à agitation par rapport à celle de la souche mère, contenant de gros flocons formés par l'agrégation de cellules et de cellulose. Cela pourrait être dû au fait que l'acétane augmente la viscosité de la culture, ce qui empêche la coagulation des cellules et de la cellulose, entraînant une augmentation de la production. Ils ont également signalé que lorsque de l'agar était ajouté au milieu, un effet similaire à celui de l'acétane sur la production de cellulose était démontré. Lorsque l'agar était ajouté au début de la culture, la production de cellulose était observée dès le début des expériences, et le temps de culture était

est réduite aux deux tiers par rapport à celle sans ajout d'agar. On sait que le gène *dgc1* est important pour l'activation de la synthèse de la cellulose bactérienne. Bae et al (2004) ont fait un rapport sur le clonage et le séquençage du gène dgc associé à la régulation du c-di-GMP produit par *G. xylinus* BPR 2001 et ont déterminé la relation entre les caractéristiques structurelles et la production de cellulose formée par le mutant perturbé par le *gène dgc1*, qui était cultivé selon différentes méthodes de culture. De manière inattendue, ils ont découvert que la production de cellulose d'un mutant dans des cultures en flacons statiques et agités était presque la même que celle de la souche parentale. De plus, lorsque le mutant a été cultivé dans le réacteur à cuve agitée, la production de cellulose a augmenté de 36% par rapport à la souche parentale. Ils ont spéculé que, bien que *dgc1* ait été perturbé, la production de cellulose a augmenté parce que d'autres gènes, *dgc2* et *dgc3*, qui sont fonctionnellement similaires à ceux de *dgc1, ont* travaillé de manière complémentaire ou ont stimulé plus fortement la synthèse de cellulose. Ils ont donc conclu que la perturbation de la *dgc1 n'*est pas critique pour la production globale de cellulose bactérienne. Cependant, Tal et al (1998) ont rapporté que la production de cellulose diminuait avec le trouble dgc1. Bien que ces deux résultats semblent contradictoires, le temps de culture utilisé par Tal et al. (1998) était trop court pour évaluer la production finale de cellulose, car le taux de croissance du mutant était plus lent que celui de la souche parentale. Kawano et al (2002) ont fait état du clonage de gènes liés à la synthèse de la cellulose de *G. xylinus ATCC* 23769 et ATCC 53582, en clonant des fragments d'ADN de *G. xylinus* ATCC23769 et ATCC53582 d'environ 14,5 kb et en déterminant leurs séquences nucléotidiques. Les régions d'ADN séquencées contenaient l'endo-1,4-glucanase, la protéine complémentaire de la cellulose, les sous-unités AB, C et D de la cellulose synthase et les gènes de la glucosidase. Ils ont constaté que la production de cellulose de l'ATCC53582 était 5 fois supérieure à celle de l'ATCC 23769 au cours d'une incubation de 7 jours.

2. Production de cellulose bactérienne à partir de diverses sources de carbone

En général, le glucose de *G. xylinus* était utilisé comme source de carbone pour la production de cellulose. Cependant, il a été signalé que la cellulose était également synthétisée à partir d'autres sources de carbone, telles que les monosaccharides à 5 ou 6 atomes de carbone, les oligosaccharides, l'amidon, l'alcool et les acides organiques (Hestrin et al., 1954). Le fructose et la glycérine donnent presque le même rendement en cellulose que le glucose (Masaoka et al., 1993). Le rendement en cellulose, par rapport au glucose consommé, diminue avec l'augmentation de la concentration initiale de glucose, et l'acide gluconique s'accumule à une concentration initiale élevée de glucose. La diminution du rendement en cellulose pourrait être due au fait qu'une partie du glucose est devenue

Acide gluconique. La valeur optimale du pH pour la production de cellulose se situe entre 4,0 et 6,0. La production de cellulose à partir de D-arabitol par *G. xylinus* KU-1 (obtenu à partir de la collection de cultures types du Laboratoire de chimie biologique appliquée de l'Université de Yamaguchi, Japon) a été étudiée (Oikawa et al., 1995). La quantité de cellulose provenant du D-arabitol était plus de 6 fois supérieure à celle du D-glucose. Dans le milieu D-arabitol, le pH final n'a pas diminué et l'acide D-gluconique n'a pas été détecté. Cela semble être l'une des raisons de la forte productivité de la cellulose du D-arabitol. Romano et al (1989) ont mesuré le rendement de la cellulose à partir du glucose, du galactose ou du xylose comme source de carbone. Le galactose et le xylose ont donné des rendements plus faibles, principalement en raison de taux de croissance plus lents. Les microfibrilles dérivées du xylose sont également moins régulières que celles dérivées du glucose. L'analyse par chromatographie en phase gazeuse a montré que la composition des sucres dans les polymères (cellulose et autres sous-produits) produits à partir du xylose comme source de carbone était toujours de 80 % de glucose et de 20 % d'autres sucres, et qu'il n'y avait pas de différences dans le degré de polymérisation. Le moment du début de la production était également différent pour les différentes sources de carbone. Le rendement en BC du saccharose n'est que la moitié de celui du glucose, ce qui est dû à la faible activité du saccharose dans le *G. xylinus*. Lorsque le saccharose est efficacement hydrolysé, il augmente la productivité de la Colombie-Britannique (Romano et al., 1989). Ishihara et al (2002) étudient la production de BC à partir de xylose et d'un mélange de glucose et de xylose en utilisant dix-sept souches de bactéries de l'acide acétique. Le xylose n'a été bien métabolisé par aucune souche de bactérie présentant une production élevée de cellulose en milieu glucosique. Cependant, en présence de xylose isomérase, le xylose est devenu un substrat viable pour les souches bactériennes, donnant 0,3 g par 100 ml de milieu mixte xylose/xylose. Tajima et al (1995) ont réussi à augmenter la productivité de la Colombie-Britannique à partir du saccharose en co-culturant deux types différents de souches de *G.* xylinus (NCI 1051 ou ATCC 10245 et NCI 1005). La productivité de *G. xylinus* en Colombie-Britannique par co-culture était plus élevée que celle par monoculture. Cela semble être dû à la formation de glucose et de fructose par l'hydrolyse du saccharose par la sucrase sécrétée par *G. xylinus* NCI 1005. Ces chercheurs ont utilisé des souches de *G. xylinus* (IFO, ATCC ou NCI), tandis que d'autres études ont utilisé *G. xylinus,* l'organisme Nata, qui a été isolé directement d'un Nata. Le Nata est un dessert populaire indigène des Philippines et est principalement produit dans les régions de la noix de coco. La cellulose

-gell ou nata est synthétisé par une souche de G. *xylinus* cultivée dans de l'eau de coco ou des jus de fruits (ananas, tomate, etc.) additionnée de saccharose (Embuscado et al., 1994a, 1994b). Dans ce cas, le fructose a donné le meilleur rendement, suivi par une combinaison de fructose + lactose. Le saccharose et une combinaison de fructose + lactose ont également produit de bons rendements. Ces quatre sources de glucides ont donné des rendements nettement supérieurs à ceux de toutes les autres sources. La présence de glucose dans le milieu, seul ou en combinaison avec d'autres sucres, a entraîné une diminution des quantités de cellulose. Bien que les rendements de la cellulose provenant du saccharose soient inférieurs à ceux du fructose, les rendements du fructose sont également inférieurs. Ramana et al (2000) ont étudié l'effet de différentes sources de carbone et d'azote sur la production de BC. Parmi les sources de carbone, le saccharose, le glucose et le mannitol se sont avérés adaptés à une production optimale de cellulose. La souche était capable d'utiliser un large éventail de sources de protéines et d'azote telles que la peptone, la farine de soja, la glycine, l'hydrolysat de caséine et l'acide glutamique pour la synthèse de la cellulose. En outre, la souche peut éliminer divers substrats d'azote et de carbone présents dans les eaux usées.

Keshk et Sameshima (2005) ont étudié trois catégories de sources de carbone (monosaccharide, disaccharide et alcool) pour examiner leur efficacité de production de BC. Le glycérol a fourni le rendement le plus élevé, suivi par le glucose, le fructose, l'inositol et le saccharose. Les valeurs finales du pH des milieux monosaccharidiques étaient inférieures à celles de leurs cultures de départ, le pH le plus bas étant celui du glucose, suivi du xylose. Alors que le fructose et les disaccharides n'ont montré qu'une légère diminution des valeurs de pH après incubation, leur rendement en BC était comparable à celui du glucose. Dans la catégorie alcoolique, l'inositol a donné un rendement comparable au glucose et au fructose. Le glycérol a fourni le rendement le plus élevé de BC sans la forte baisse du pH pendant l'incubation. Ces résultats ont montré que le pH n'est pas seulement le facteur qui influence l'efficacité de la production de BC, mais aussi que le taux de consommation de la source de carbone est un facteur important. De plus, l'indice de cristallinité du BC de l'hexose est plus élevé que celui des autres sources de carbone. L'incorporation de N-acétylglucosamine (GlcNAc) dans la cellulose bactérienne a été réalisée en utilisant

G. xylinus. Celles adaptées à la GlcNAc par transfert successif à la GlcNAc en milieu liquide (avec la GlcNAc comme source de carbone. sans glucose) ou par incubation à la GlcNAc en milieu solide. L'incorporation des résidus de GlcNAc a été démontrée par l'analyse des acides aminés de l'hydrolysat acide (Ogawa et Tokura, 1992). Lorsqu'un milieu mixte contenant 1,4 % de glucose (Glc) et 0,6 % de GlcNAc a été utilisé pour la culture de G. xylinus Le résidu de sucre aminé incorporé dans la cellulose bactérienne n'était que du GlcNAc, même si la galactosamine (GalN) et la glucosamine (GlcN) étaient utilisées, tandis que la mannosamine (ManN) n'avait qu'un effet mineur. Comme le principal composant du polysaccharide résultant était des résidus de Glc, même si la seule source de carbone dans le milieu de culture était le GlcNAc, il a été suggéré qu'il devait y avoir plusieurs systèmes enzymatiques pour convertir le GlcNAc en Glc dans les bactéries. Plusieurs sels d'ammonium se sont également avérés efficaces pour l'absorption des résidus de GlcNAc lorsque le système d'incubation est passé de l'incubation statique à l'incubation rotative et aérobie. La quantité de résidus de GlcNAc a été remarquablement augmentée par l'ajout de phosphorylchitine sensible au lysozyme (P-chitine) et légèrement augmentée par l'ajout de P-chitine, moins sensible au lysozyme. Cependant, seul un léger effet a été observé avec l'ajout de P-chitine hautement substituée (Shirai et al., 1994). Des dérivatisations hétérogènes et homogènes, par exemple la carboxyméthylation, la silylation et l'acétylation, ont été effectuées sur la cellulose bactérienne humide ou séchée. En outre, différentes méthodes de formation de fibres creuses au cours de la biosynthèse ont été étudiées (Shirai et al., 1994).

3. Production de BC à partir de déchets agro-industriels

L'industrie de la pâte à papier utilise généralement le bois pour produire de la pâte blanche, qui a été utilisée pour la production de papier et de dérivés de la cellulose. L'utilisation de matières premières régionales (fibres non ligneuses), par exemple la canne à sucre, la bagasse, la banane, la paille de riz... etc., comme source alternative pour la production de dérivés de la cellulose permettrait de réduire considérablement l'utilisation du bois à cette fin et de réduire également la déforestation. En outre, il existe encore une grande quantité de pollution (lors de l'extraction de composants non cellulosiques) due aux eaux usées de l'industrie de la pâte et du papier provenant de matériaux non ligneux. Depuis peu, chaque produit et chaque processus nécessite une surveillance environnementale. De nouvelles technologies ou des produits de conception nouvelle répondant à de nouveaux critères environnementaux sont nécessaires. La production de BC utilisant la mélasse de canne à sucre comme seule source de carbone dans un milieu de raclage (HS) à base d'hestrine a été étudiée (Keshk et Sameshima, 2006). Six souches de *G. xylinus* (ATCC 10245 et IFO 13693, 13772, 13773, 14815 et 15237) ont été testées pour la production de BC. Le rendement en Colombie-Britannique était beaucoup plus élevé pour toutes les souches de mélasse moyenne que pour les souches de HS moyenne. Il n'y a pas de différences significatives de cristallinité et de fraction I enregistrée entre les BC produites à partir des différents supports (figure 7). Une différence notable n'a été constatée qu'en termes de viscosité. Ces résultats indiquent que la mélasse est une meilleure source de carbone que le glucose pour la plupart des souches étudiées (tableau 1).

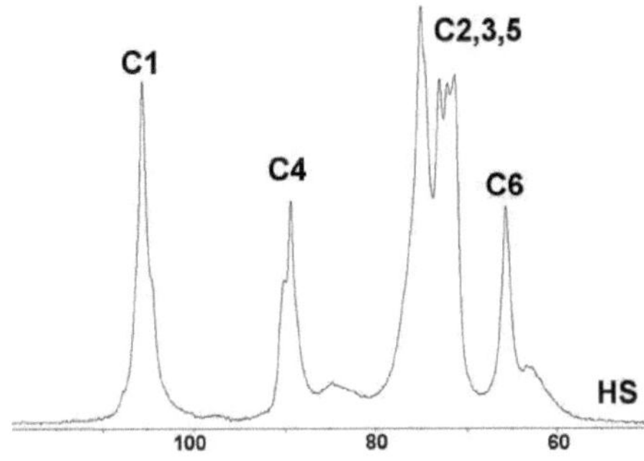

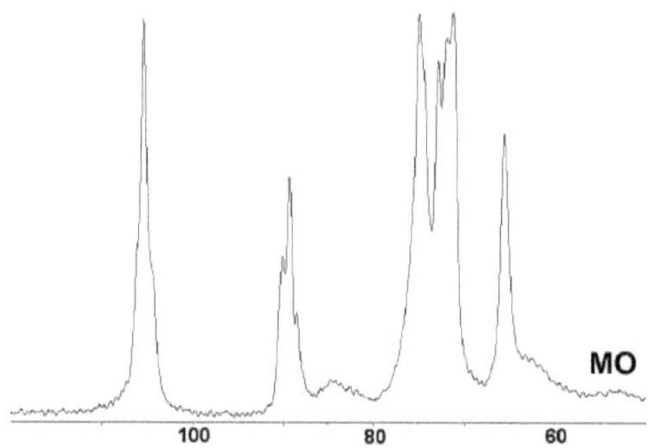

Figure 7   Spectres de CP/MASCNMR[13] de la cellulose produite à partir de *G. xylinus* IFO 13772 de HS et mélasse moyenne

Le glucose, en tant que seule source de carbone, sert non seulement de source d'énergie mais aussi de précurseur de la cellulose. Le monosaccharide est également converti en acide (céto)gluconique par la Gluconacetobacter déshydrogénase liée à la membrane. La conversion du glucose n'est pas bénéfique pour la productivité globale de la cellulose (Masaoka et al. 1993). Cette propriété diminue le rendement total de cellulose dans le milieu HS parce que la valeur du pH tombe aux valeurs sous-optimales de la viabilité cellulaire (Keshk et Sameshima, 2006). De plus, la présence d'une quantité moindre de sucre réducteur (16%) dans les constituants de la mélasse entraîne une diminution de l'acide gluconique dans le milieu de la mélasse. Une augmentation significative de la production de BC était évidente dans le milieu de la mélasse par rapport au milieu témoin.

Tableau 1 . Productivité de la cellulose bactérienne (BC) de six souches de *G. xylinus* dans les milieux HS, MO et MOL.

Tribus	HS moyen		MO moyen		Support MOL	
	Rendement, en mg (%)	Valeur finale du pH	Rendement, en mg (taux d'augmentation)	Valeur finale du pH	Rendement, en mg (taux d'augmentation)	Valeur finale du pH
ATCC 10245	34.4 (100)	2.62	55.9 (163)	4.99	44.3 (129)	4.90
IFO 13693	58.0 (100)	2.69	113.3 (195)	4.07	111.3 (192)	3.98
IFO 13772	99.8 (100)	2.69	173.7 (174)	3.88	179.8 (180)	3.95
IFO 13773	67.2 (100)	2.77	84.54 (126)	3.95	96.4 (144)	4.01
IFO 14815	20.4 (100)	2.84	41.1 (202)	4.15	37.1 (182)	4.00
IFO 15237	23.1 (100)	2.78	70.1 (304)	4.20	67.5 (292)	4.00

Rendement = poids moyen de BC en mg/ 30 ml de milieu de culture. Rapport entre le rendement et l'augmentation (%) basé sur le rendement du BC en milieu HS

Les résultats de la CLHP ont montré (figure 8) que la concentration d'acide gluconique dans le milieu de mélasse était inférieure à celle du milieu témoin pour toutes les souches ; par conséquent, l'augmentation du rendement en BC dans le milieu de mélasse a entraîné une diminution de la concentration d'acide gluconique. Par conséquent, la valeur du pH dans le milieu de la mélasse ne tombe pas à des valeurs sous-optimales. Les valeurs moyennes du pH du milieu témoin et de la mélasse après incubation étaient de 2,7 et 4,2, respectivement. Keshk et Sameshima (2006) ont signalé que le PL augmente la production de BC en abaissant la concentration d'acide gluconique en raison de la nature antioxydante de la lignine (figure 8).

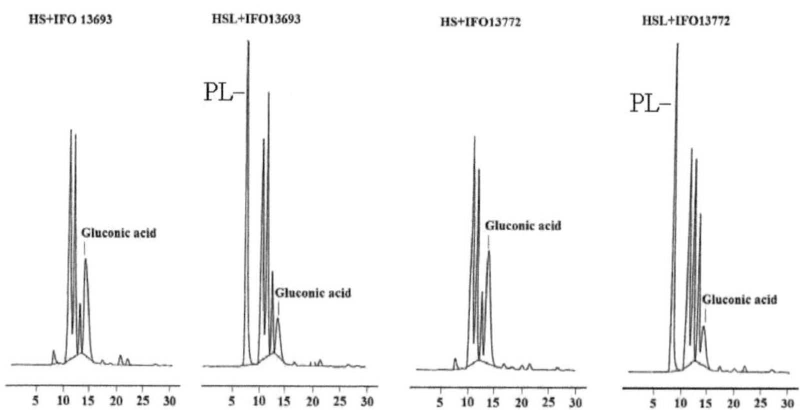

Figure 8   Tableau HPLC des milieux HS et HSL et en présence de différentes *souches de G.xylinus.*

La mélasse contient également des composés polyphénoliques ; la plupart d'entre eux ont des unités guajacyles et syringyles similaires à la lignine (Premjet et al, 1996). La mélasse peut donc être une source potentielle de sucre pour la production de la Colombie-Britannique. Lorsque le PL a été ajouté au milieu de mélasse au début de la culture, la production de cellulose de la plupart des souches bactériennes a quelque peu diminué, sauf dans le cas de *G. xylinus* IFO 13772 et 13773, ce qui peut être dû au fait que le PL contient une fraction de lignine qui agit comme les composés polyphénoliques de la mélasse, de sorte que la fraction polyphénolique restante dans la lignine n'est pas suffisamment consommée et que le pH varie légèrement. Lorsque le fructose était utilisé comme seule source de carbone, il offrait un rendement inférieur à celui de la mélasse pour la plupart des souches (Keshk et Sameshima, 2006). Par conséquent, la présence de sources d'hydrates de carbone (saccharose et

sucre), les sources d'azote, les sels minéraux et les composés polyphénoliques. En plus de son faible coût, la mélasse présente l'avantage de ne pas devoir utiliser de glucose ou de fructose pour produire de la BC.

4. Influence des additifs sur la production et la structure cristalline de la cellulose bactérienne

4.1. Hémicellulose

L'hémicellulose est également l'un des principaux composants de la paroi cellulaire ligaturée. Les résidus de monosaccharides qui forment les hémicelluloses sont l'arabinose et le xylose (pentose), le glucose, le galactose et le mannose (hexose), le rhamnose et le fructose (6-désoxyhexose) ainsi que les acides galacturonique, glucuronique et 4-O-méthylglucuronique (acides uroniques). L'hémicellulose dominante dans le bois dur est un O-acétyle (4-O-méthylglucurono)-xylan (appelé xylan de bois dur), accompagné d'une petite quantité de glucomannane. Le bois tendre, en revanche, contient un O-acétylgalactomannane (appelé glucomannane de bois tendre) comme hémicellulose principale, accompagné d'une petite quantité d'un arabino (4-O-méthylglucurono)xylan (appelé xylan de bois tendre) (Meshitsuka et Isogai, 1993). La cellulose produite en présence de polysaccharides hémicellulosiques modifie la cristallinité et s'avère plus proche de la structure cristalline de type I. On pense que le mannan abaisse le degré de cristallinité de la cellulose en réduisant la taille du cristallite, tandis que le xylan et le xyloglucan co-cristallisent probablement avec la cellulose et modifient la structure du réseau de la cellulose en créant des défauts de réseau (Hackney et al., 1994 et Uhlin et al., 1995). La forte affinité du xyloglucane pour la cellulose bactérienne correspond aux réseaux xyloglucane-cellulose de la paroi cellulaire primaire. Dans le cas de la paroi cellulaire secondaire, cependant, la situation n'est pas facile, car l'hémicellulose est chimiquement associée à la lignine. Pour une étude plus approfondie de la disposition des réseaux cellulose-hémicellulose dans les parois cellulaires secondaires des plantes supérieures, il est recommandé d'utiliser l'hémicellulose native, qui est présente dans les plantes ligneuses. Pour révéler l'affinité entre la cellulose et l'hémicellulose dans la paroi cellulaire secondaire de la plante supérieure, *G. xylinus* a préparé les composites de cellulose en présence de glucuronoxylan, glucomanan, O-acétylglucuronoxylan, arabinoglucuronoxylan, arabinogalactan et xyloglucan. Les composites de cellulose ont été étudiés par diffraction des rayons X et analyse des sucres (Iwata et al, 1998). Les différents effets des celluloses bactériennes cultivées en présence de xylan (Xyl) et d'arabinogalactane (AraGal) ont conservé l'orientation plane de la forme riche en I. Dans les cas du glucomannane (GlcMan) et du xyloglucane (XylGlc), qui indiquent l'augmentation de la structure désordonnée de ces celluloses. La teneur en polysaccharides d'hémicellulose des celluloses bactériennes cultivées en présence de polysaccharides d'hémicellulose était de 3,0 %.

 (arabinogalactane), 28,2 % (xylane), 48,6 % (glucomannane) et 47,0 % (xyloglucane). Sur la base de ces résultats, on a constaté que le glucomannane avait la plus grande affinité pour la cellulose bactérienne (Iwata et al., 1998). L'interaction entre la cellulose bactérienne et le glucomannane a été étudiée par analyse moléculaire et ultra-structurelle de composites formés par dépôt de cellulose dans des solutions contenant soit du glucomannane soit des galactomannanes à teneur variable en Homme : Le rapport Gal [13C de la] RMN indique que les segments de mannane non substitués peuvent se lier à la cellulose en subissant une transition conformationnelle vers une forme double étendue. La présence de fibrilles de cellulose favorise la formation de réseaux à partir de solutions de galactomannane dans des conditions où cela ne se produirait pas normalement (Whitney et al., 1998). De plus, les microfibrilles de la C.-B. en présence de xylane et de pectine ont été examinées par microscopie électronique, spectroscopie FT-IR et diffraction des rayons X (Tokoh et al., 2002). Des faisceaux de cellulose en vrac se sont formés dans le milieu xylan, tandis que les bandes de cellulose formées dans le milieu pectine étaient les mêmes que celles normalement formées dans le milieu SH. La diffraction des rayons X et la spectroscopie infrarouge de Fourier ont montré que l'ajout de xylane provoquait une modification du rapport entre la cellulose I et I. L'analyse par diffraction électronique a montré que le Xylan influençait de manière intermittente la structure cristalline des microfibrilles de cellulose, mais que la pectine n'avait pas cet effet. Astley et al (2003) ont effectué des mesures simultanées de diffusion des rayons X aux petits angles et de déformation en traction uniaxiale sur des composites cellulose/xyloglucane, cellulose/pectine. Ils montrent tous une réorientation très similaire des rubans de cellulose à des contraintes de traction équivalentes. Qualitativement, ce comportement est similaire à celui observé expérimentalement, mais quantitativement, il y a plusieurs différences. Ils ont suggéré que les différences sont dues à l'imbrication importante des microfibrilles de cellulose (Astley et al., 2003).

4.2. Lignosulfonate

L'influence du lignosulfonate sur la structure et la productivité de la Colombie-Britannique a été étudiée à l'aide de six souches de *G. xylinus* (ATCC 10245, IFO 13693, 13772, 13773, 14815 et 15237) (Keshk et Sameshima, 2006). La productivité de la Colombie-Britannique de toutes les souches a été améliorée de près de 57 % en présence de (1 % p/v) lignosulfonate. Le résultat Ft-IR a montré que le BC produit en présence de lignosulfonate avait l'indice de cristallinité le plus élevé et la cellulose la plus riche en I. En outre, le diffractogramme des rayons X a confirmé les résultats FT-IR et n'a montré aucun changement remarquable de l'espacement d (figure 9). Tiré de

les spectres [13]CP/MASC-RMN (figure 10), la région amorphe en présence de lignosulfonate était relativement plus faible, c'est-à-dire que le lignosulfonate augmentait la cristallinité du BC. Ces résultats suggèrent que l'augmentation du rendement en BC est due à l'inhibition de la formation d'acide gluconique en présence de l'antioxydant, les composés polyphénoliques du lignosulfonate. En outre, une image obtenue au microscope électronique à balayage a montré que les bandes générées en présence de lignosulfonate étaient plus grossières et moins enchevêtrées que les bandes générées par le milieu de contrôle (Keshk, 2006).

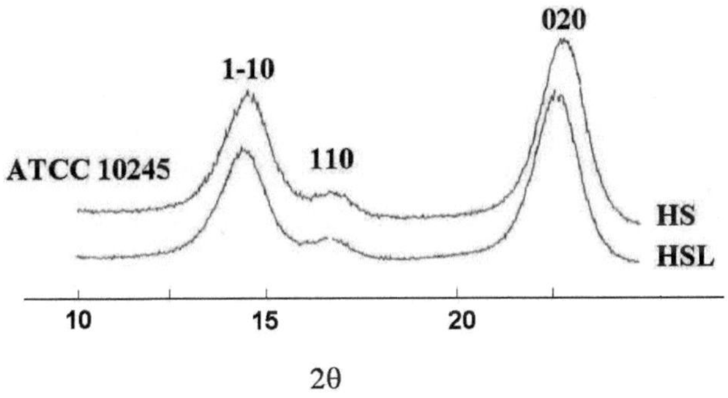

Figure 9   Radiographie de la BC à partir de supports HS et HSL en présence de *G. xylinus*

En outre, le module de Young moyen était de 633,00 Mpa, contre 450,76 Mpa en l'absence de lignosulfonate (figure 8). Il a également été constaté que les valeurs moyennes de viscosité des plaques préparées à partir du milieu lignosulfonate étaient de 76,98 cP contre 36,48 cP pour le milieu témoin, ce qui indique un degré élevé de polymérisation.

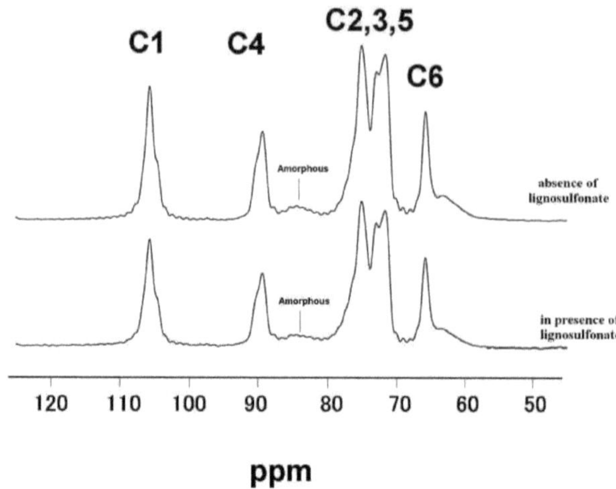

Figure 10. état solide

La morphologie de la bande a été estimée par microscopie électronique à partir de supports HS et HSL (Keshk, 2006). Les images au microscope électronique des deux échantillons sont présentées dans les figures (11). La morphologie de ces deux échantillons n'était pas la même que dans les figures (11), où la morphologie du BC préparé à partir de milieux HS est mince par rapport aux bandes épaisses préparées à partir de milieux HSL. Les bandes produites en présence de lignosulfonate semblaient plus grossières et moins entrelacées que les bandes produites par le milieu de contrôle (Keshk, 2006). Depuis 1976, Brown et al. ont fait des observations cytologiques intéressantes sur la façon dont les bandes sont produites pendant la division cellulaire. La longue rangée de sites de synthèse des microfibrilles est doublée dans le sens de la longueur avant la division et les plaquettes mères et filles sont toutes deux actives peu avant la division. Les deux sites sont interceptés pendant la division cellulaire et chaque cellule fille reçoit un ensemble similaire de complexes de synthèse qui ne s'étendent pas en longueur et synthétisent une bande de microfibrilles de dimensions constantes.

Les deux sites sont interceptés lors du clivage cellulaire et chaque cellule fille reçoit un ensemble similaire de complexes synthétisants qui ne s'étendent pas en longueur et synthétisent une bande microfibrillaire de dimensions constantes.

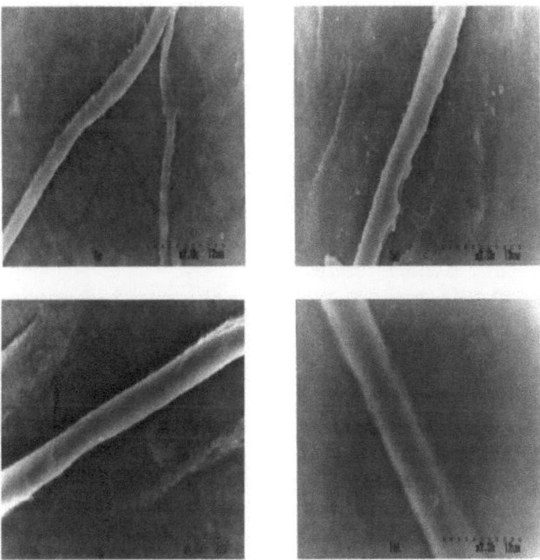

Figure 11 Images de microscope électronique à balayage (12 µm) de cellulose bactérienne (à gauche) dans le milieu de contrôle. (A droite) Cellulose bactérienne en milieu lignosulfoen.

Cela signifie que les fibrilles de BC peuvent être formées par le regroupement de microfibrilles sécrétées par des pores alignés en ligne le long de leur axe longitudinal à la surface des cellules. Si la sécrétion se poursuit au-delà de la génération cellulaire, les microfibrilles des cellules parentales héritent de la moitié de chacune des cellules filles et forment un point de ramification sur la fibrille, de sorte que le diamètre de la fibrille peut se rétrécir après la division cellulaire, bien qu'elle doive se rétablir à mesure que la nouvelle cellule mûrit. Sinon, les nouvelles cellules auront le nombre normal de pores pour la sécrétion de microfibrilles au stade de la division, comme le proposent Brown et al (1976). En présence de lignosulfoante, la division cellulaire semble être inhibée et les bandes ne se divisent pas. Des bandes adjacentes peuvent se joindre pour former des bandes plus larges ou des agrégats de bandes (Keshk, 2006). D'où

L'ajout de lignosulfonate a donné lieu à des bandes qui semblaient plus larges que la bande du milieu de contrôle parce que plusieurs bandes d'un groupe de cellules dont le processus de division était inhibé. Les effets du lignosulfonate sur la résistance à la traction et le module d'élasticité des feuilles de BC sont présentés dans le tableau (2).

Tableau 2 . La caractérisation de la cellulose bactérienne et des quatre souches de Plaques *Gluconacetobacte xylinus*.

Échantillons	BC* Rendement mg/ml	Résistance la traction (N)	Module Jeunes (MPa)	BC Viscosité (cP)	DP
HS 10245	4.4	10.0	331.75	34.87	1747.71
HSL 10245	7.2	18.28	606.45	70.05	2240.61
HS 13772	8.7	15.51	514.55	37.12	1791.40
HSL 13772	11.4	18.69	620.05	84.80	2377.81
HS 13773	10.1	15.03	498.62	37.05	1790.08
HSL 13773	16.2	19.23	637.95	84.25	2372.80
HS 13693	7.9	13.81	458.15	36.88	1786.86
HSL 13693	16.3	21.53	714.27	68.82	2227.89

*Basé sur le volume du support
RV= valeur relative= bajoué en HS/ bajoué en HSL

Les feuilles de BC, cultivées pendant 30 jours à 28°C avec l'ajout de lignosulfonate, ont montré un module de Young supérieur de 20 à 56% à celui des feuilles témoins. En outre, la viscosité et le degré de polymérisation des feuilles de BC fabriquées à partir de HSL étaient plus élevés que ceux du milieu de contrôle (tableau 2). Ces résultats ne sont pas seulement dus à l'augmentation du module de Young effectif.

qui entraîne une augmentation de la dynamique transversale, mais aussi une augmentation du nombre de liaisons covalentes 1,4. Par conséquent, les bandes plus larges ont donné une meilleure orientation uni-planaire, ce qui a entraîné une plus grande résistance à la traction et un module d'élasticité plus élevé. Un facteur qui a conduit à un module d'élasticité plus élevé dans les feuilles de BC est considéré comme étant sa forme de ceinture, car les ceintures peuvent être plus facilement alignées dans un plan pendant le pressage (Yamanaka et al., 1989). Ces résultats sont conformes à ceux de Huang et al. (Huang et al., 2003). Ils y ont étudié l'influence du lignosulfonate sur les propriétés des plastiques à base de protéines de soja et ont montré que l'introduction du lignosulfonate améliorait la résistance à la traction et le module d'élasticité des plastiques à base de protéines de soja.

4.3. Carboxyméthylcellulose.

Les effets de la carboxyméthylcellulose (CMC) et du xyloglucane (XG) ajoutés au milieu d'incubation ont été étudiés (Yamamoto et al, 1994). En effet, on sait que la CMC et la XG interfèrent avec l'agrégation des microfibrilles en bandes normales (Haigler et al., 1982 et Hayashi et al., 1987). Il a été constaté que la fraction massique de la cellulose I diminue fortement avec l'augmentation de la concentration de CMC, XG dans le milieu d'incubation et cette diminution de la fraction massique de la cellulose I correspond à l'augmentation de la cristallisation de la cellulose I. Il est donc probable que la cause de la diminution de la proportion de cellulose I soit liée à la réduction de la largeur latérale des microfibrilles induite par l'ajout de CMC ou de XG (Haigler et al., 1982). Récemment, l'effet des additifs CMC et XG avec différents degrés de polymérisation (DP) ou de substitution (DS) sur la formation des microfibrilles a été étudié au microscope électronique à transmission (Hirai et al., 1998). La CMC avec DP=80 et DS=0,57 est plus efficace pour produire des microfibrilles séparées et plus petites. En augmentant la concentration de CMC dans le milieu de culture de 0,1 à 1,5%, on augmente le pourcentage de microfibrilles d'une largeur de 3 à 7 nm. En revanche, le XG est moins efficace que le CMC pour produire des microfibrilles de plus petite taille, et les microfibrilles qui en résultent ont encore tendance à s'agréger.

4.4. Colorants directs

G. xylinus produit normalement des microfibres cristallines de 30 Å en conjonction avec des sites de synthèse intracellulaire dans la couche de polysaccharides des lèvres de la bactérie (Haigler et al., 1980). Si

les cellules de *G.* xylinus en cours de synthèse active ont été incubées dans un milieu ou un tampon de phosphate
contenant plus de 0,01% de calcofluorine (azurants fluorescents) Figure (12), l'assemblage des bandes a été interrompu au lieu de bandes tordues, et de larges bandes de fibrilles courbées ont été formées (Haigler et Chanzy, 1988).

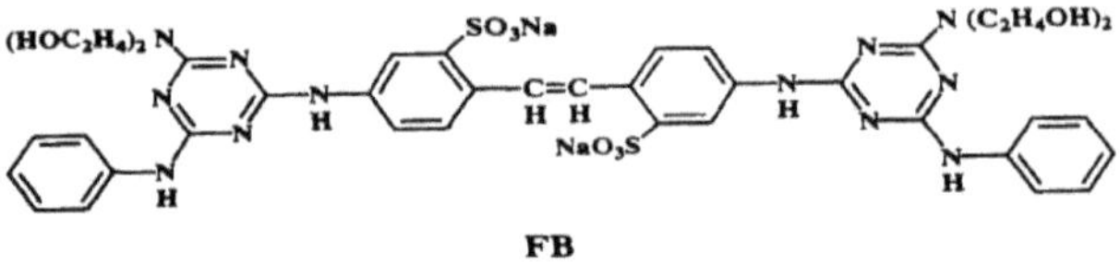

Figure 12 Structure chimique d'un agent de blanchiment par fluorescence

Les micrographies à haute résolution montrent que les plus petites fibrilles du produit de la bande, mesuraient 15 Å (± 4 Å), et que les plus grandes semblaient être formées par la fascination des plus petites 15 Å. Les fibrilles présentent souvent une courbure et une ondulation prononcées, indiquant une faible cristallinité. Alors que le plus gros agrégat est souvent fortement courbé et semble plus rigide. La cellulose modifiée synthétisée est connue pour être un 1,4-D-glucane non cristallin de haut poids moléculaire. La cristallographie aux rayons X montre que le calcofluor induit le produit de la cristallinité de la cellulose I après séchage, bien qu'il n'ait pas de cristallinité détectable à l'état humide (Haigler et al., 1980). Ce manque de cristallinité avant séchage suggère que le calcofluor sépare efficacement la polymérisation de la cristallisation à l'état humide en empêchant la formation de microfibrilles et des produits induits par le calcofluor, qui sont fondamentalement différents de la cellulose bactérienne native (Keshk, 1999). Une fois séchées, les liaisons hydrogène du réseau cristallin résultant doivent être aussi favorables que l'association entre le calcofluor et le glucane. Cela déplace le calcofluor et le réseau de cellulose I est formé (Keshk, 1999). L'effet des colorants directs était dû à l'importante précipitation latérale des colorants sur les microcristaux de cellulose en croissance, qui les empêchait d'atteindre leur taille normale (Haigler et Chanzy, 1988). Un certain nombre de colorants directs (Direct Red 28, Direct Red 79, Direct Blue 14, Direct Blue 15, Direct Blue 53 et Direct Blue 75) ont été sélectionnés pour clarifier l'effet de ces colorants sur la structure émergente de la cellulose bactérienne (Kai et Mondal, 1997 ; Mondal et Kai, 1998a, 1998b, 1999). La cellulose I et la cellulose II sont régénérées à partir des complexes Direct Red 28 et Direct Red 79, Direct Blue 14, Direct Blue 15, Direct Blue 53 et Direct Blue 75. En fonction de la structure chimique des colorants directs utilisés. Kai et Keshk (1998) ont étudié l'effet du nombre de groupes sulfonates dans un colorant sur la structure cristalline d'azurants fluorescents comportant 2 groupes sulfonates (FB) et d'un azurant fluorescent ayant la même structure squelettique que le FB, à l'exception de 4 (FWA2) ou 6 (FWA3) groupes sulfonates (figure 13).

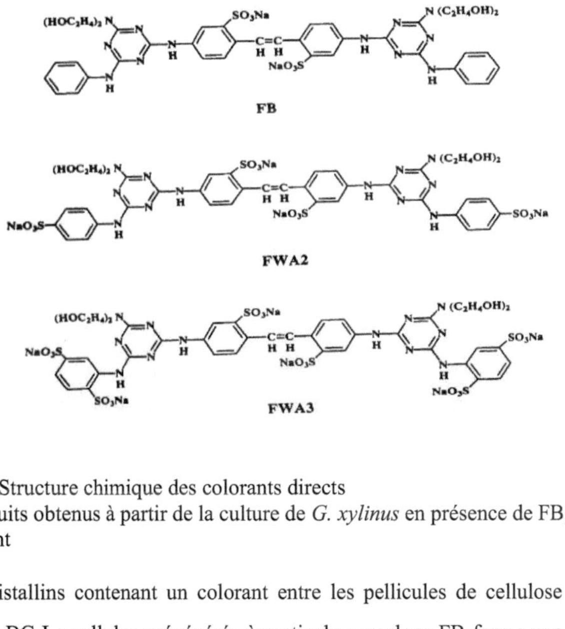

FB

FWA2

FWA3

Figure 13 Structure chimique des colorants directs
Tous les produits obtenus à partir de la culture de *G. xylinus* en présence de FB, FWA2 et FWA3 étaient, étaient

complexes cristallins contenant un colorant entre les pellicules de cellulose correspondant au plan (110) de BC La cellulose régénérée à partir du complexe FB forme une structure riche en cellulose I, tandis que la cellulose régénérée à partir des complexes FWA2 et FWA3 forme la cellulose II (figure 14)

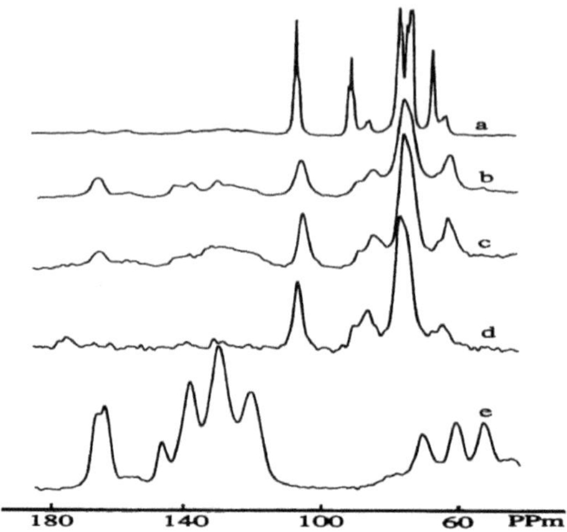

Figure 14. Spectres RMN 13C à l'état solide de cellulose bactérienne humide et de colorant direct sec.   a.   BC   b. FB complet   . FWA2-complexe   . FWA3-complexe e. FWA3-poudre

Ils ont conclu que si le MW/N d'un colorant était supérieur à 300, la cellulose régénérée I était formée à partir de la cellulose complexe et que si elle était inférieure à 300, la cellulose régénérée II était formée à partir de la cellulose régénérée (Kai et Keshk 1998). Ils ont également étudié l'influence de la position des groupes sulfonates au sein du FB (Kai et Keshk 1999). Deux autres groupes sulfonates en position méta (FWA1) ou para (FWA2) du cycle phénylamino (Figure 15). La cellulose régénérée à partir du complexe de cellulose FB ou FWA1 forme une structure riche en cellulose I, tandis que la cellulose régénérée à partir du complexe de cellulose FWA2 forme la cellulose II (figure 16). Les effets du FB avec le même nombre de groupes sulfonates sur la structure cristalline de la cellulose bactérienne régénérée diffèrent donc sensiblement selon la position du groupe sulfonate (Kai et Keshk 1999).

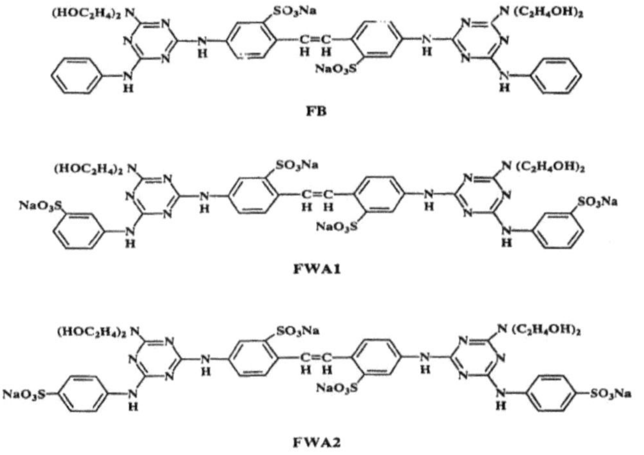

Figure 15 :   Structure chimique des colorants directs

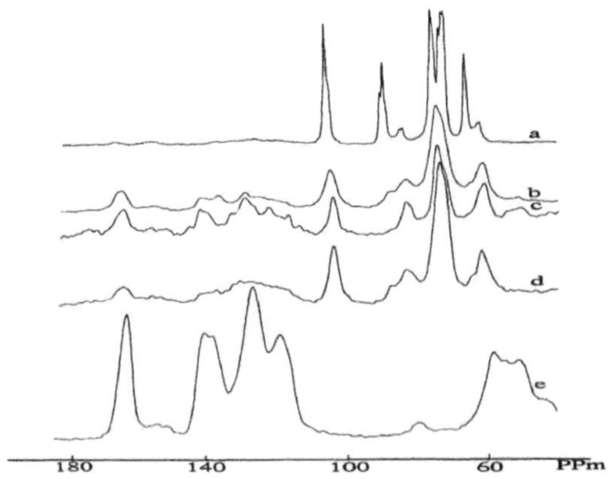

Figure 16 RMN 13C à l'état solide de la cellulose bactérienne humide et des colorants directs secs

a. BC b. FB complexe c. FWA1 complexe d. FWA2 complexe e. FWA2 poudre

4.5. 2, 6- Dicholoronitrobenzonitrile

Le 2,6-dichlorobenzonitrile (DCB) est un herbicide qui s'est révélé être un inhibiteur spécifique et efficace de la synthèse de la cellulose dans les algues, les plantes supérieures et également les bactéries. L'ampleur de l'inhibition dépend de la concentration de DCB. En général, la cellulose bactérienne produite est présente sous la forme allomorphe de la cellulose I, qui est la forme native prédominante. En présence de DCB 12M, cependant, un mélange d'allomorphes de cellulose I et II s'est formé. La diffraction des rayons X et le spectre Raman (figure 17) ont confirmé ce résultat (Yu et Atalla, 1996).

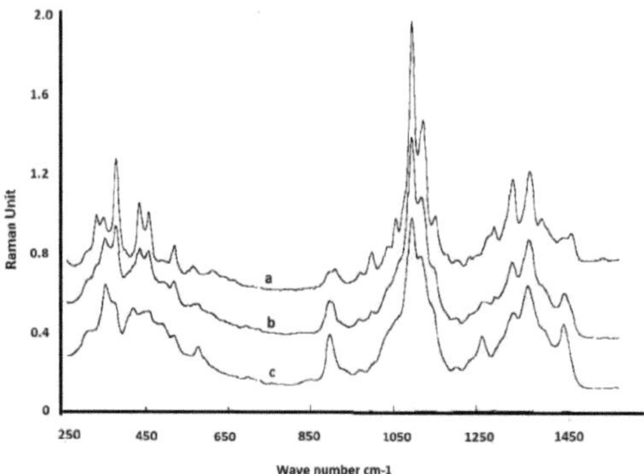

Figure 17.   Spectres Raman de la cellulose : (a) Cellulose I, cellulose bactérienne normale, (b) cellulose produite par Gluconacetobacter xylinus en présence de 12 µM DCB, (c) Cellulose II, cellulose bactérienne mercerisée (Yu et Atalla, 1996).

Les spectres Raman de la cellulose I et de la cellulose II montrent des différences significatives (Wiely et Atalla, 1985) dans la région comprise entre 250 et 1600 cm-l, en particulier entre 250 et 700 cm-1. La présence de cellulose II dans l'échantillon de cellulose produit par *G. xylinus* en présence de 12 µM DCB peut être observée à partir des constatations suivantes (i) La position, la forme et l'intensité des pics dans la gamme 300-700 cm-1, en particulier 300-400 cm-1, qui est très sensible aux différences entre les allomorphes de la cellulose. Par exemple, le pic à 352 cm-1, qui est de 347 cm-1 dans la cellulose I et de 353 cm-1 dans la cellulose II, et son intensité est plus forte que celle de la cellulose I mais encore plus faible que celle de la cellulose II. Egalement un petit épaulement à 420 cm-1, où la cellulose I n'a pas de bande et la cellulose II a une bande moyenne ; et un faible pic à 577 cm-1, où la cellulose I n'a pas de bande et la cellulose II a un pic moyen. (ii) L'intensité de la bande à environ 900 cm-1 est beaucoup plus forte que celle de la cellulose I, et sa position est également déplacée dans le sens de la position pour la cellulose II. (iii) Les intensités des pics à 1339 cm-1, 1380 cm-1 et 1463 cm-1 diffèrent sensiblement de celles de la cellulose I et sont similaires à celles du spectre de la cellulose II. La production de cellulose II par *G. xylinus* en présence de DCB soulève une question importante sur le mécanisme de la biosynthèse de la cellulose. La cellulose native, telle que produite par *G. xylinus et par la* plupart des algues et toutes les plantes supérieures, est normalement la cellulose allomorphe I. La cellulose II est normalement la forme qui se produit lors de la régénération à partir d'une solution ou lors du mercerisage dans une solution fortement alcaline. La production de cellulose II par *G. xylinus* en présence de DCB suggère que le processus d'agrégation des microfibrilles de 1,5 nm a été modifié d'une manière qui n'est pas encore bien définie et a fait l'objet d'une étude plus approfondie (Yu et Atalla, 1996).

4.6 Polysaccharides solubles dans l'eau

On sait depuis 1950 que *G. xylinus est capable de* produire de la cellulose à partir de divers substrats carbonés peu coûteux, dont le glucose, le saccharose et le fructose. Cependant, le mécanisme de production de la cellulose à partir de ces différentes substances n'a pas été suffisamment étudié, car la plupart des études de synthèse de la cellulose ont été réalisées sur des substrats de glucose. Dans cette étude, différents substrats de carbone ont été examinés pour leur efficacité dans la production de membranes de cellulose (Keshk et Sameshima, 2005). La relation entre les valeurs finales du pH et le rendement de la membrane de cellulose provenant de différents substrats de carbone est présentée dans le tableau 3. La culture du glucose a donné le pH le plus bas, suivie du xylose et de l'éthanol. L'éthanol a donné un rendement en cellulose légèrement plus élevé que la culture à blanc, tandis que les autres sucres (arabinose, galactose et mannose) ont montré peu de différence par rapport à la culture à blanc. Les changements de pH de la culture pourraient être l'indicateur des réactions secondaires qui ont lieu dans la culture de production de cellulose. Le pH final du milieu ribose était comparable à celui de la culture d'inositol (pH= 5,3). La culture du fructose n'a montré qu'une faible diminution du pH comme dans la catégorie des alcools, à l'exception de l'éthanol, qui a montré une forte diminution du pH. Cinq cultures de substrat (rhamnose, sorbose, cellobiose, lactose et méthanol) ont montré un écart négligeable par rapport au pH initial de 6,0, et les rendements des membranes de cellulose étaient comparables à ceux des cultures à blanc. Bien que le rendement de la culture d'éthanol ait été légèrement supérieur à celui de la culture à blanc, le pH était nettement inférieur au pH initial. Il est évident que l'abaissement du pH n'est pas le seul facteur déterminant l'efficacité de la production de cellulose. Il est possible que la production efficace de cellulose par les bactéries soit basée sur leur capacité à synthétiser le glucose à partir de différents substrats de carbone et à effectuer la polymérisation du glucose en cellulose. (Keshk et Sameshima 2005) .

Tableau 3Productivité de la cellulose bactérienne à partir de diverses sources de carbone

Carbon source	Final pH	Yield (%)*	Consumption (%)	Cellulose Yield (%)**	Production Efficiency (%)***	Crystalinity Index (%)
Blank	6.3	22	-	-	-	-
Galactose	5.1	24				
Glucose	3.9	100	97.0	8.4	8.7	88
Fructose	5.6	95	51.9	7.9	15.3	86
Mannose	4.7	24				
Ribose	5.4	42				
Rhamnose	5.8	22				
Sorbose	5.7	23				
Xylose	4.6	38				
Lactose	6.3	22				
Trehalose	6.0	52				
Saccharose	5.9	69				
Maltose	6.1	25				
Ethanol	4.1	25				
Methanol	6.3	22				
Inositol	5.3	85	94.7	7.4	7.8	75
Glycerol	5.5	155	45.4	13.0	28.7	78

* % of BC yield in comparison to that of 1% glucose (25mg/30ml).
** Calculated from the dry weight of BC and the weight of carbon source added (300mg/30ml).
*** Calculated from the dry weights of BC and the weight of consumed carbon source.

Le glucose, le fructose, l'inositol et le glycérol (le rendement le plus élevé) ont été sélectionnés pour mesurer la consommation pendant et après la période d'incubation en fonction de leur rendement (tableau 3). Comme le montre la figure (18), le glucose a été consommé rapidement pendant la phase d'incubation précoce et presque complètement (97 %) après 7 jours d'incubation. L'inositol a été consommé aussi complètement que le glucose (94,7 %), mais la plupart des consommations ont commencé après 4 jours d'incubation. Le glycérol et le fructose ont le même pourcentage de consommation finale (<50%), comme le montre la figure (18). Les changements de pH des quatre milieux de culture sont illustrés à la figure (18). Les trois autres substrats (glucose, inositol et fructose) ont donné des rendements similaires, bien inférieurs à ceux du glycérol. Ces résultats indiquent que la CB résultante est le produit de réactions très compliquées. Les changements de pH des milieux de culture reflètent la complexité des réactions. La modification du pH du milieu glucosique pourrait être le reflet de la formation et de la consommation d'acides gluconiques (Fontana et al, 1991).

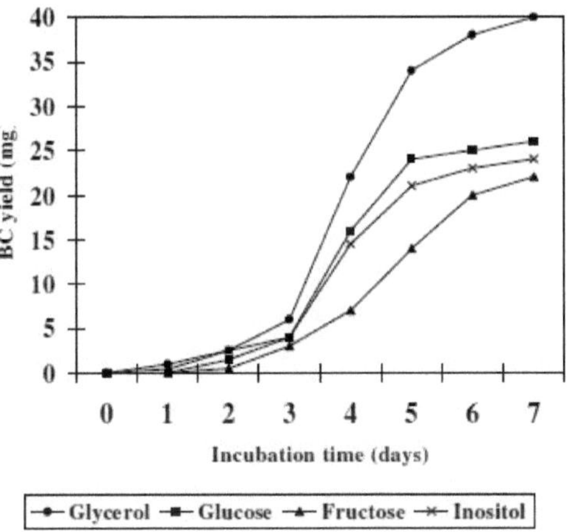

Figure 18L' évolution de la valeur du PH du glucose, du fructose, de la glycérine et de
l'inositol pendant la période de culture (Keshk et Sameshima, 2005).

Par conséquent, les valeurs finales du pH des milieux monosaccharidiques étaient inférieures à celles de leurs cultures de départ, la valeur de pH la plus basse étant celle du glucose suivie du xylose. Alors que le fructose et les disaccharides n'ont montré qu'une légère diminution des valeurs de pH après incubation, leur rendement en BC était comparable à celui du glucose. Dans la catégorie alcoolique, l'inositol a montré un rendement comparable au glucose et au fructose. Le glycérol a fourni le rendement le plus élevé de BC sans la forte baisse du pH pendant l'incubation. De plus, l'indice de cristallinité du BC de l'hexose est plus élevé que celui des autres sources de carbone. En revanche, il n'y a pas de différences majeures dans la structure cristalline entre les hexoses (figure 19). Les substrats hexagonaux ont le meilleur indice de cristallinité parmi les autres sources de carbone.

5. Réactivité de la BC à la réaction chimique

Seules quelques recherches ont abordé la réactivité chimique et les réactions hétérogènes ou homogènes de la CB. (Geyer et al., 1994 ; Kim et al., 2002 ; Keshk et Nada 2003 ; Keshk

39

2008).

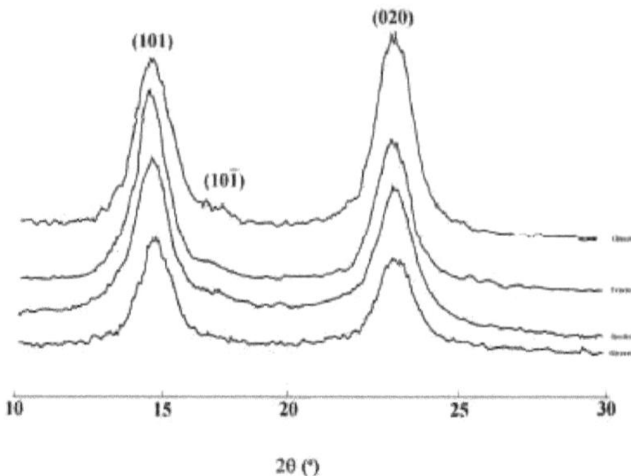

Figure 19   Image radiographique de la cellulose bactérienne produite à partir (de haut en bas) de glucose, fructose, inositol et glycérol (Keshk et Sameshima, 2005)

5.1. Une réaction hétérogène

La cellulose bactérienne se distingue de la cellulose végétale par sa cristallinité et sa pureté élevées (sans lignine ni autres produits biogènes), sa grande capacité d'absorption d'eau et sa meilleure résistance mécanique [4]. Les propriétés typiques de la BC ont également inspiré des études sur la réactivité et la disponibilité des groupes hydroxyle pour les réactions chimiques et la caractérisation ultérieure des produits qui en résultent. Keshk et Nada (2003), la spectroscopie IR de la C.-B., la pâte visqueuse et les linters de coton sont étudiés. D'autre part, l'activité de ces différents types de celluloses vis-à-vis de la cyanométhylation et de la carboxyméthylation est étudiée. Des réactions de carboxyméthylation et de cyanoéthylation ont été effectuées sur la BC (à l'état humide), la pâte de viscose et les linters de coton pour étudier la réactivité de ces échantillons de cellulose (Keshk et Nada, 2003). La cellulose bactérienne se distingue des celluloses végétales (pulpe de viscose et linters de coton) par sa haute cristallinité et la pureté de la lignine. La BC est plus réactive à la cyanoéthylation et à la carboxyméthylation que la cellulose végétale en raison de sa haute cristallinité à un faible degré de polymérisation (Keshk et Nada, 2003). Les spectres IR montrent une nouvelle bande claire à 2252 cm-1 (caractéristique du groupe CN) et à 1725 cm-1 (caractéristique du groupe CO), qui a une intensité plus élevée pour la cellulose bactérienne ayant réagi que celle des deux autres espèces.

5.2. Une réaction homogène

La réaction homogène de la BC dissoute avec l'anhydride acétique et le phénylisocyanate a montré des produits avec un haut degré de substitution allant jusqu'à 3,0 par rapport à la cellulose végétale, sans expliquer la raison de cette réactivité (Schlufter et al., 2006). Comme la cellulose se dissout dans de l'acide phosphorique à 85% avec une hydrolyse limitée, une oxydation homogène des groupes hydroxyles primaires avec des halogénures a été réalisée (Green et al, 1980 et Pagliaro, 1998). Les principaux groupes hydroxyles pourraient être complètement (>90 %) oxydés en acides carboxyliques (Green et al., 1980 et Pagliaro, 1998). 6-La carboxycellulose est un dérivé important comme agent de cicatrisation (pour prévenir les adhérences postopératoires), comme régénérateur osseux et comme thérapie parodontale (Finn et al, 1992 ; Pollack et Bouwsma, 1992). Il est intéressant de noter que l'iodation de la cellulose dans de l'acide phosphorique à 85% à l'aide d'un mélange de KIO3 et de KI a donné lieu à un triester de l'acide sous-dosé (Pagliaro, 1999).

Des dérivatisations homogènes (iodation et oxydation sélectives) à l'aide d'acide phosphorique ont été effectuées sur différents échantillons de cellulose (BC, kenaf et cellulose microcristalline) pour révéler leurs réactivités chimiques. En outre, les caractérisations physico-chimiques des dérivés de la cellulose ont été étudiées (Keshk, 2008). L'iodation des échantillons de cellulose a été réalisée par la méthode Pagliaro (1999). L'échantillon de cellulose (1,0 g) a été dissous dans du H3PO4 (30 ml, 85% p/p) jusqu'à obtention d'une solution claire et visqueuse (3h) Schéma 1.

Régime 1 (Keshk, 2008)

Un mélange de KI (1,1 mol/3 Glc résidu) et de KIO3 (2,1 mol/3 Glc résidu) en poudre fine a ensuite été rapidement ajouté dans la sorbonne. Après 24 heures, l'hypoiodite de cellulose a été précipité en ajoutant de l'EtOH froid (96%). L'iodation a été effectuée avec de l'iode en présence de HIO3 (schéma 1). Les spectres FT-IR des différents échantillons de cellulose ont été enregistrés dans la gamme de 4000 à 400 cm-1. Une légère différence a été observée dans la plage de la liaison hydrogène intermoléculaire (3200- 3400 $^{cm-1}$) de BC (Figure 20).

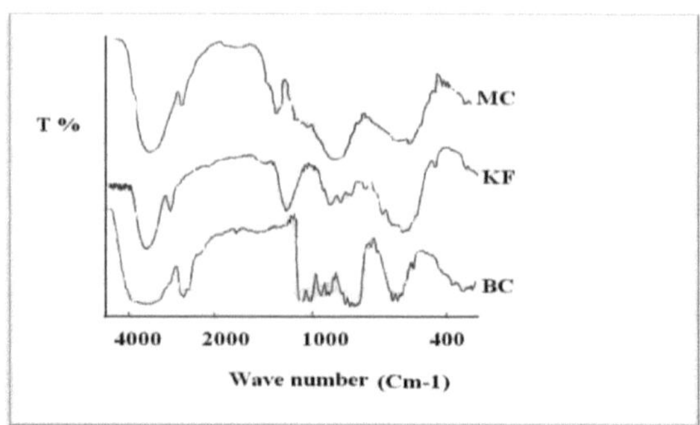

Figure 20 Spectres FT-IR de différents échantillons de cellulose (Keshk 2008)

Chaque spectre a deux pics à 1430 cm-1 et 900 cm-1, qui sont attribués respectivement aux régions amorphes et cristallines (Nada et al, 1990). L'indice de cristallinité (C.I.) a été calculé comme le rapport entre l'absorption de la bande à 1430 cm-1 et la bande à 900 cm-1, qui a montré une augmentation de l'indice de cristallinité de BC par rapport à KF et MC (Tableau 4). Le déplacement de la bande d'absorption maximale de l'oscillation d'étirement du groupe OH de BC vers un nombre d'ondes plus faible (3280 cm-1) est également plus important que dans les deux autres échantillons de cellulose (3479 cm-1 et 3387 cm-1 pour KF et MC, respectivement. Ce décalage prouve que la BC est plus cristalline que les deux échantillons. La réactivité de ces échantillons de cellulose à l'ajout d'un mélange finement pulvérisé d'iodate de potassium et d'iodure de potassium à une solution de cellulose dans de l'acide phosphorique à 85% a été étudiée. Parmi les halogènes, l'iode moléculaire est l'agent halogénant le moins puissant et les iodations organiques sont généralement effectuées en présence d'un acide oxydant fort (Vanvoglis, 1992). Il est intéressant de noter que

Les iodations effectuées avec de l'iode en présence de HIO3 ont été attribuées à l'espèce I3 (schéma 1). Les spectres FT-IR (figure 21) ont montré l'absence du pic de BC du groupe OH et une faible absorption pour le KF et le MC.

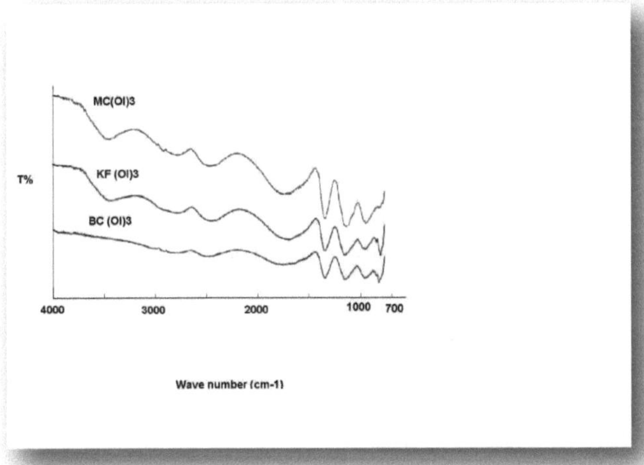

Figure 21 Spectres FT-IR de divers échantillons de cellulose hypoiodique (Keshk 2008)

Cela indique que le BC dans l'acide phosphorique a la plus grande réactivité à la réaction d'iodation. En outre, tous les spectres ont montré une forte bande d'absorption à 530 cm-1, qui a été attribuée au mode d'étirement de la liaison I-O (Vanvoglis, 1992). L'analyse élémentaire (tableau 4) montre que le triester sous-iodé BC a la teneur en iode la plus élevée par rapport aux deux autres échantillons ; même BC a le plus haut degré de cristallinité. Cela peut être attribué à l'utilisation d'acide phosphorique, qui décompose la structure cristalline de la cellulose. Ainsi, la cristallinité ne joue pas un rôle important comme c'est le cas dans les réactions hétérogènes (Keshk et Nada, 2003). De plus, la viscosité du BC est inférieure à celle du KF, ce qui reflète le plus faible degré de polymérisation du BC (tableau 4). Ces résultats ont montré que la réactivité de la BC est due au nombre accru de groupes terminaux dans les chaînes de la BC, car le degré de polymérisation de la BC est inférieur à celui de la KF et de la MC.

Tableau 4 . Caractérisation physico-chimique de différents échantillons de cellulose (Keshk 2008)

Samples	Viscosity	Cr.I.	COOH content	I %
BC	20.56	2.90	-	-
BC(OD)$_3$	2.76	1.09	-	90
BC-COOH	1.74	1.25	30.56	-
KF	109	1.30	-	-
KF(OD)$_3$	1.23	0.62	-	77
KF-COOH	1.24	1.23	25.45	-
MC	2.08	1.20	-	-
MC(OD)$_3$	1.27	0.65		72
MC-COOH	1.25	1.19	23.52	-

L'oxydation sélective des échantillons de cellulose avec du chlorite de sodium a été réalisée selon la méthode de Pagliaro (1998).

Régime 2 (Keshk 2008)

L'oxydation sélective de différents échantillons de cellulose donne un polymère avec un degré d'oxydation à C-6 d'environ 90% pour BC, 84% pour KF et 80% pour MC (schéma 2, tableau 4). Les trois échantillons de cellulose native présentaient des indices de cristallinité différents (tableau 4). Ces valeurs de chaque échantillon de cellulose native sont restées fortement inchangées après l'oxydation par le chlorure d'acide ; il est probable que ni les groupes carboxylates ni les groupes aldéhydes ne sont formés dans les cristallites de la cellulose I par l'oxydation, et donc que des quantités significatives de groupes carboxylates et aldéhydes ne sont présents que sur les surfaces cristallines et dans les zones désordonnées. Les spectres FT-IR des formes oxydées de divers échantillons de cellulose ont montré une large bande d'absorption à 3460 cm-1, confirmant la fréquence d'étirement du groupe -OH (figure 22). En plus de la bande à 2940 cm-1, qui confirme la vibration d'étirement C-H. La présence d'une forte bande d'absorption à 1590 cm-1 confirme la présence du groupe COO. Les bandes à 1423 et 1325 cm-1 sont associées respectivement aux ciseaux -CH2- et à la vibration de flexion -OH. La bande à

1061 cm-1 est due à la souche .CH-O-CH2.

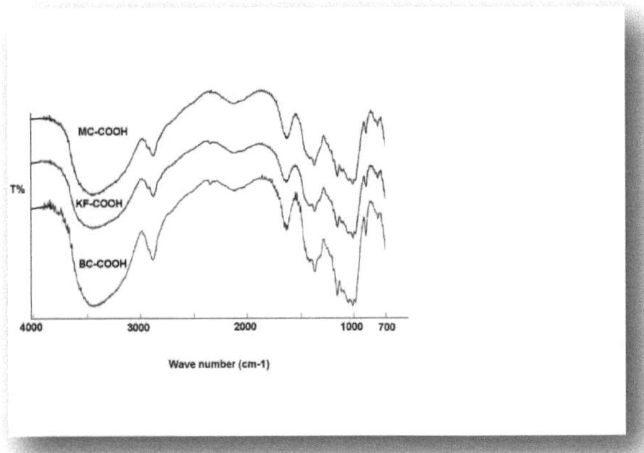

Figure 22 Spectres FT-IR de divers échantillons de cellulose oxydée (Keshk 2008)

Cependant, le BC triester-hypoiodique a la plus forte teneur en iode par rapport aux deux autres échantillons, et la forme d'oxydation a la plus forte teneur en carboxyle. Ces résultats ont clairement montré que la cristallinité de la BC n'est pas un facteur important dans aucun des deux échantillons.

des réactions hétérogènes et homogènes de la cellulose. Cela peut être attribué au nombre accru de groupes terminaux dans les chaînes de la Colombie-Britannique par rapport aux autres échantillons.

6. Cellulose bactérienne et application médicale

En raison de sa grande pureté, de son hydrophilie, de son potentiel de formation de structure, de sa chiralité et de sa biocompatibilité, il offre une large gamme d'applications spéciales, par exemple comme matrice alimentaire (nata de coco), comme fibre alimentaire, comme membrane acoustique ou filtrante, comme papier à haute résistance et comme réseau de fibres fines réticulées avec des propriétés de revêtement, de liaison, d'épaississement et de suspension (Vandamme et al, 1998 ; Jonas et Farah, 1998 et Bungay et al, 1997). À ce jour, plusieurs applications de la cellulose bactérienne en médecine humaine et vétérinaire sont connues.

6.1. Thérapie de la peau

La résistance mécanique élevée à l'état humide, la perméabilité considérable aux liquides et aux gaz et la faible irritation de la peau indiquaient que la membrane gélatineuse en cellulose bactérienne pouvait être utilisée comme peau artificielle pour couvrir temporairement les blessures (figure 23). Biofill® et Gengiflex® sont des produits à base de cellulose bactérienne ayant un large éventail d'applications dans le domaine de la chirurgie et des implants dentaires ainsi que dans la réalité du secteur de la santé humaine (Jonas et Farah, 1998). Des cas de brûlures au deuxième et troisième degré, d'ulcères et autres ont été traités avec succès avec le Biofill® comme substitut temporaire de la peau humaine (Fontana et al., 1990). Les auteurs ont documenté les avantages suivants du Biofill® dans plus de 300 traitements : soulagement immédiat de la douleur, adhérence étroite au lit de la plaie, réduction de l'inconfort postopératoire, réduction du taux d'infection, inspection facile de la plaie (transparence), cicatrisation plus rapide et meilleure rétention de l'exsudat, détachement spontané après réépithélialisation, et réduction de la durée et des coûts du traitement. Un seul inconvénient a été mentionné : l'élasticité limitée dans les zones à forte mobilité. Gengiflex® a également été développé pour la restauration du tissu parodontal (Novaes, 1992). D'autres résultats et applications de Biofill® et de Gengiflex® ont été publiés par différents auteurs (Novaes, 1995 et 1997 ; Salata et al, 1995 et Czzaja et al, 2006). Schmauder et al. ont décrit l'utilisation de la cellulose bactérienne (Cellumed) en médecine vétérinaire pour le traitement des plaies fraîches de grande surface chez les chevaux et les chiens (Kawecki et al., 2004).

Figure 23 La membrane cellulosique bactérienne jamais séchée est un biomatériau non pyrogène et entièrement biocompatible à haute résistance mécanique.

6.2. Vaisseaux sanguins artificiels

Si les artères coronaires autour du cœur sont obstruées à cause de l'artériosclérose, un pontage peut être nécessaire. La cellulose produite par les bactéries pourrait être utilisée pour les vaisseaux sanguins artificiels car elle présente un risque de caillots sanguins plus faible que les matériaux synthétiques actuellement utilisés pour les pontages. La BC peut présenter un risque de caillots sanguins plus faible que les matériaux synthétiques actuellement utilisés pour les pontages (Fink, 2009).

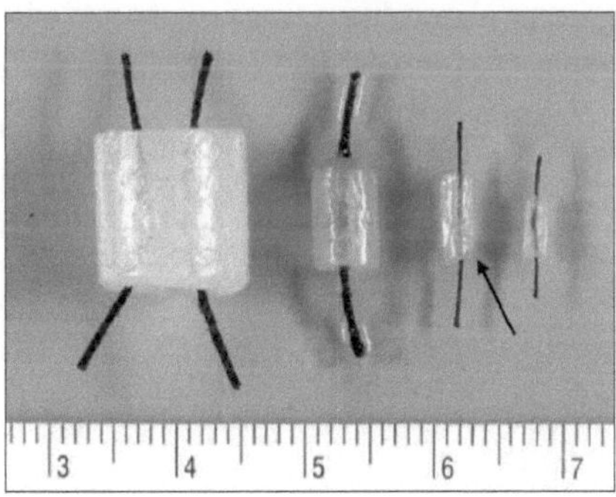

Figure 24   Cellulose bactérienne utilisée dans les vaisseaux sanguins artificiels

Cela signifie que la cellulose fonctionne très bien au contact du sang et constitue une alternative très intéressante pour les vaisseaux sanguins artificiels. Les vrais vaisseaux sanguins ont un revêtement intérieur de cellules qui assurent que le sang ne coagule pas. Ce tube a un diamètre intérieur de 1 mm, une longueur d'environ 5 mm et une épaisseur de paroi de 0,7 mm. Ces paramètres sont donc suffisants pour les besoins de la microchirurgie expérimentale. Une résistance mécanique suffisante des tubes BASYC est l'une des propriétés essentielles pour leur utilisation en microchirurgie (Klemm et al., 2001). Le matériau doit pouvoir résister à la fois aux contraintes mécaniques lors de la préparation microchirurgicale et à l'anatomie et à la pression sanguine du corps vivant. La cellulose bactérienne native a des propriétés mécaniques, notamment la stabilité dimensionnelle et la résistance à la déchirure, qui sont supérieures à celles de nombreux matériaux synthétiques. Comparée aux feuilles organiques comme le polypropylène, le polyéthylène téréphtalate ou la cellophane, la cellulose bactérienne native a des propriétés mécaniques supérieures. BC, qui sont transformés en film ou en feuille, ils présentent une résistance mécanique remarquable. Le manque de correspondance entre le greffon synthétique et les tissus natifs environnants a été identifié comme un facteur majeur de l'échec final des greffes de greffons cardiovasculaires actuellement utilisées. Par conséquent, le développement de biomatériaux ayant des propriétés mécaniques similaires à celles du tissu qu'ils remplacent est un objectif important dans la conception de dispositifs biomédicaux. L'alcool polyvinylique (PVA) est un hydrogel biocompatible dont les propriétés sont souhaitables pour des applications biomédicales. Il peut être réticulé par un processus de thermocyclage à basse température. En appliquant une nouvelle méthode de traitement thermique sous une souche appliquée et en ajoutant une petite quantité de nanofibres de cellulose bactérienne (BC), un nanocomposite PVA- BC anisotrope a été créé. Les propriétés de contrainte-déformation-tension de l'aorte porcine ont été ajustées dans les directions circonférentielle et axiale par un type de nanocomposite anisotrope PVA-BC (10% PVA avec 0,3% BC à 75% de déformation initiale et cycle 2) dans la gamme physiologique avec une résistance améliorée à d'autres déformations au-delà des déformations physiologiques. Le nanocomposite PVA-BC offre un large éventail de propriétés mécaniques, y compris l'anisotropie, en contrôlant les paramètres du matériau et du traitement. Les nanocomposites PVA-BC peuvent être produits avec un degré d'anisotropie contrôlé qui correspond exactement aux propriétés mécaniques des tissus mous qu'ils pourraient remplacer, du tissu cardiovasculaire à d'autres tissus conjonctifs (Millon et al., 2008). Où a-t-on étudié la BC comme nouveau matériel de greffe vasculaire potentiel en évaluant les interactions entre les cellules et le sang avec la BC. Les objectifs spécifiques étaient d'évaluer si les modifications de surface pouvaient favoriser les cellules endothéliales humaines et d'étudier les propriétés thrombogènes de la BC par rapport aux matériaux de greffe conventionnels. La modification de la BC par une nouvelle technique utilisant le xyloglucane comme molécule porteuse pour le peptide promoteur d'adhésion RGD a entraîné une augmentation de l'adhésion cellulaire, un renforcement du métabolisme et une augmentation de la prolifération cellulaire. Lors d'expériences statiques, le revêtement luminal des tubes de BC avec de la colle de fibrine a permis d'augmenter l'adhésion des cellules et d'assurer une bonne rétention des cellules sous une contrainte de cisaillement physiologique. L'évaluation de la thrombogénicité dans le plasma sanguin humain a montré que la BC induit une coagulation plus lente par rapport aux matériaux cliniquement disponibles tels que Gore-Tex® et Dacron®. En outre, la CB a induit la plus faible activation de contact, qui a été évaluée par la génération XIIa. Un système à boucle de Chandler avec du sang fraîchement prélevé a montré que la BC consommait de petites quantités de plaquettes et produisait de faibles niveaux de thrombine par rapport au Dacron® et au Gore-Tex®.

6.3. Cadre potentiel pour l'ingénierie tissulaire.

L'utilisation d'échafaudages dans l'ingénierie tissulaire du cartilage est essentielle pour soutenir la prolifération cellulaire et maintenir sa fonction différenciée ainsi que pour définir la forme du tissu en croissance (Hutmacher, 2000). À cette fin, divers matériaux d'échafaudage ont été évalués, notamment des polymères naturels tels que le collagène (Lee et Moneey, 2001), l'alginate (Caterson et al., 2002), l'acide hyaluronique, la colle de fibrine et le chitosane, ainsi que des polymères synthétiques tels que l'acide polyglycolique (PGA), l'acide polylactique (PLA), l'alcool polyvinylique (PVA), le méthacrylate de polyhydroxyéthyle (pHEMA) et le poly-N-isopropyl acrylamide (pNIPAA) (souches, 2001). Cependant, les constructions tissulaires ayant des propriétés mécaniques natives n'ont pas encore été décrites dans la littérature. *G. xylinus* a été étudié comme un nouveau matériau d'échafaudage en raison de ses propriétés matérielles et de sa dégradabilité inhabituelles (Sevenson et al., 2005). Des matériaux BC natifs et chimiquement modifiés (BC phosphorés et sulfonés) ont été évalués à l'aide de chondrocytes bovins. Les résultats suggèrent que les BC non modifiés favorisent la prolifération des chondrocytes dans environ 50% du substrat de collagène de type II tout en offrant des avantages significatifs en termes de propriétés mécaniques. Par rapport à la culture de tissu plastique et d'alginate de calcium, la BC non modifiée a montré un niveau de croissance des chondrocytes significativement plus élevé. La sulfonation et la phosphorylation chimiques de la BC, qui ont été effectuées pour imiter les glucosaminoglycanes du cartilage natif, n'ont pas amélioré la croissance des chondrocytes, alors que la porosité du matériau a affecté la viabilité des chondrocytes. La BC n'a pas induit d'activation significative de la production de cytokines pro-inflammatoires lors du dépistage in vitro des macrophages. Par conséquent, la Colombie-Britannique non modifiée a été étudiée plus en détail avec des chondrocytes humains. L'analyse TEM et l'expression de l'ARN du collagène II des chondrocytes humains ont montré que le BC non modifié favorise la prolifération des chondrocytes. De plus, la croissance des chondrocytes dans l'échafaudage a été vérifiée par le TEM. Les résultats indiquent le potentiel de ce biomatériau en tant qu'échafaudage pour l'ingénierie tissulaire du cartilage.

6.4. Produits de soin des plaies

Au début des années 1980, Johnson & Johnson a été le pionnier des études exploratoires sur l'utilisation de la cellulose microbienne comme tampon chargé de liquide pour le soin des plaies (voir le brevet américain 4,655,758 ; 4,588,400). Depuis lors, une société brésilienne, Biolfill Industries, a approfondi les propriétés de la cellulose microbienne et a commencé à commercialiser des produits spécifiques à base de cellulose microbienne sur le marché du traitement des plaies (Fontana et al., 1990, 1991). Au Brésil, la membrane gélatineuse purifiée de cellulose bactérienne a été développée et commercialisée sous forme de peau artificielle (pansement) (Fontana et al., 1990). Une résistance mécanique élevée à l'état humide, une perméabilité considérable aux fluides et aux gaz et une faible irritation de la peau indiquaient que la membrane gélatineuse était supérieure à la cellulose bactérienne en tant que peau artificielle pour le recouvrement temporaire des plaies de quaze classique (Fontana et al., 1991). Composites cellulosiques bactériens produits par mélange de chitosane, de poly(éthylène glycol) (PEG) et de gélatine pour l'application biomédicale potentielle d'échafaudages d'ingénierie tissulaire et de pansements (Kim et al, 2010) . Les matériaux composites de cellulose bactérienne ont été préparés avec succès en immergeant une pellicule de cellulose bactérienne humide dans des solutions de chitosane, de PEG ou de gélatine, puis en la lyophilisant. Les produits ressemblent à une structure en mousse. Les images obtenues au microscope électronique à balayage montrent que les molécules de chitosane ont pénétré dans la cellulose bactérienne et forment une structure de réseau poreux multicouche et bien réticulé avec une grande surface d'aspect. La morphologie du squelette cellulose/gélatine de la bactérie indique que les molécules de gélatine ont pu bien pénétrer entre les nanofibres individuelles de la cellulose bactérienne. Les études d'adhésion cellulaire pour ces composites ont été réalisées avec des fibroblastes 3T3. Ils ont montré une bien meilleure biocompatibilité que la cellulose bactérienne pure.

6.5. Modification de la tablette

Une nouvelle méthode de préparation de la cellulose microcristalline à partir de *G. xylinus* (BC) et de kenaf (KF) est signalée (Keshk et Hijia, 2011). Les matériaux cellulosiques développés (DBC et DKF) présentaient des structures cristallines différentes. La DBC avait un réseau de cellulose I à haute cristallinité (85 %), tandis que la DKF avait un réseau de cellulose II à haute cristallinité (70 %) (figure 25).

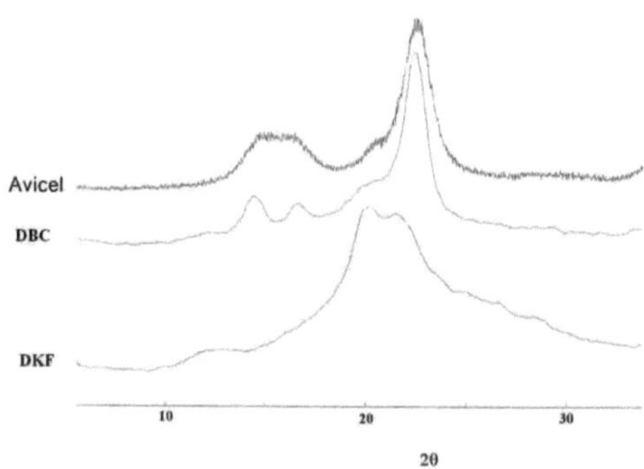

Figure. 25ème radiographie de la cellulose d'Avicel PH 101, *G. xylinus* et Kenaf.

La taille des particules du DKF était de 5-20 µm, tandis que celle du DBC était de 1-5 µm. Les propriétés physiques des matériaux DBC et DKF ont été comparées à celles de la cellulose microcristalline Avicel®PH 101 disponible dans le commerce. La DBC avait une valeur de densité apparente inférieure à celle du DKF et de l'Avicel PH 101, **et la** DBC microcristalline et l'Avicel PH 101 présentaient toutes deux un comportement similaire dans les processus d'écoulement et de liaison. Les propriétés thermiques des matériaux DBC et DKF ont été étudiées par analyse thermogravimétrique (figure 26). Les résultats de la TGA montrent une stabilité thermique accrue de la DBC par rapport au DKF. En outre, la perte de poids de la DBC s'est produite dans un processus de dégradation en une étape d'environ 320°C à 380°C, principalement en raison de la décomposition de la cellulose. Ces différences dans les propriétés thermiques des deux matériaux cellulosiques sont principalement dues à des différences dans leur degré de cristallinité. Cela correspond aux données XRD, où la DBC a un degré de cristallinité de 85% et le DKF de 77%. Cela a montré une relation entre la structure cristalline et la dégradation thermique de la cellulose. Une structure cristalline plus importante nécessitait une température de dégradation plus élevée (Yang et Kokot, 1996), de sorte que la DBC était dégradée à 320 °C alors que le DKF était de 215 °C.

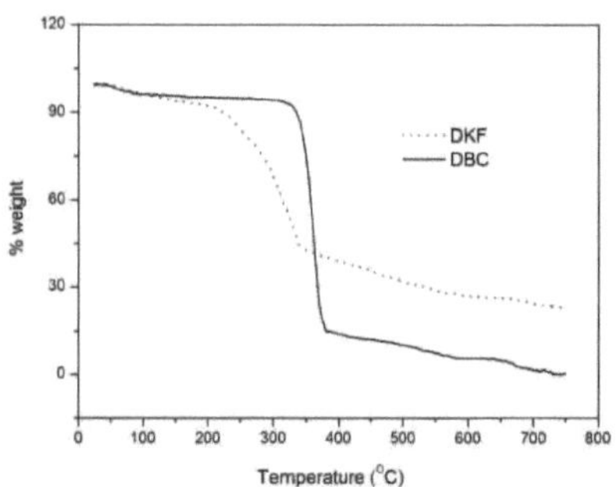

Figure 26 : Courbes TGA d'échantillons DKF et DBC chauffés à 20°C/min dans une atmosphère d'azote.

7. Industrie bactérienne de la pâte à papier et du papier

La cellulose microbienne a été étudiée comme liant dans le papier, et comme elle est constituée de grappes extrêmement petites de microfibrilles de cellulose, cette propriété contribue de manière significative à la résistance et à la durabilité de la pâte lorsqu'elle est incorporée au papier. Ajinomoto Co. est actuellement activement impliquée dans le développement de la cellulose microbienne pour les produits en papier avec Mitsubishi Paper Mills au Japon (JP Patent 63295793 et Ougiya et al, 1997). En outre, l'ajout de cellulose bactérienne agitée et de cellulose bactérienne statique dans la partie humide a amélioré à la fois la résistance à la traction et la rétention de la matière de remplissage des feuilles à main (Hioki et al., 1995). En particulier, la cellulose bactérienne provenant de la culture sous agitation a eu un effet plus important sur la rétention des charges que celle provenant de la culture statique. La cellulose bactérienne peut donc être utile comme additif humide dans la production de papier. En outre, les solides en suspension dans le milieu nutritif pour *G. xylinus* sont incorporés dans le tapis gélatineux de cellulose bactérienne dans un bioréacteur à plateau tournant pendant sa formation (Mormino et Bungay, 2003). En incorporant des fibres de cellulose ordinaire, on forme des composites ayant la résistance et la ténacité accrues de la cellulose bactérienne. La cellulose purifiée et les fibres allongées du papier sont incorporées différemment des particules sphériques telles que le gel de silice. Environ 90% de la cellulose finale peut provenir de papier de récupération, et les feuilles composites séchées étaient beaucoup plus résistantes par unité de surface que la simple cellulose bactérienne. Basta et Elsaied (2009) ont confirmé que l'incorporation de 5 % de BC à la pâte mécanique lors de la formation des feuilles de papier améliore considérablement la rétention du kaolin, la solidité et la résistance au feu.

Propriétés par rapport aux feuilles de papier produites par l'incorporation de la BC.

8. Cellulose bactérienne et industrie alimentaire

Le désert philippin, Nata de Coco, est une industrie artisanale aux Philippines depuis soixante-dix ans (Lapuz, et al, 1969). L'importation de Nata des Philippines vers le Japon a eu un impact majeur sur les perspectives mondiales d'expansion de la production de cellulose microbienne. En 1992, une mode est apparue au Japon avec l'introduction de la cellulose microbienne dans les boissons diététiques. Suite à la production de Nata de Coco par *G. xylinus,* Kuwana (1997) a montré que la Nata de Coco a un effet hypocholestérolémiant sur le plasma. Le lait de coco a été incubé avec du *G.xylinus* comme source de carbone. Le BC a été utilisé comme additif alimentaire fonctionnel comme épaississant et dispersant dans ces applications alimentaires ; la cellulose bactérienne provenant de la culture sous agitation a un effet émulsifiant beaucoup plus important que celle provenant de la culture statique (Hioki et al., 1995). Le complexe de cellulose *bactérienne Monascus* combinant les propriétés de la cellulose bactérienne et des champignons Monascus a montré qu'il pouvait être un nouveau produit alimentaire en tant que substitut végétarien de viande ou de fruits de mer (Ochaikul et al., 2006).

La croissance du mycélium de Monascus n'ayant pas donné de goût à ce nouveau produit, il constituait une bonne base en tant qu'aliment au goût amélioré. La couleur et la texture du complexe étaient comme le foie ou la viande maigre. Il a également fourni une grande quantité de fibres, un nombre limité de calories et des nutriments sains. En outre, les déchets de bouillon de fermentation pourraient être utilisés comme source de pigments solubles dans l'eau. De plus, Okiyama et al (2009) ont rapporté que la cellulose gélatineuse produite par fermentation avec *Acetobacter aceti* AJ 12368 était composée de fibrilles de cellulose (0,9 %), d'eau liée (0,3 %) et d'eau libre (98,8 %). Le réseau de cellulose absorbe faiblement l'eau dans des capillaires d'environ 0,5 à 1,0 micron. Une fois chargé, le gel a libéré son eau et s'est déformé sans se rompre. Le gel seul était trop dur pour être mordu, mais il est devenu comestible en le traitant soit avec de l'alcool de sucre, soit avec de l'alginate et du chlorure de calcium. Les textures ressemblent à des fruits comme le raisin ou à des mollusques comme le calmar. Le mécanisme est l'immobilisation de l'eau de la cellulose gélatineuse par un matériau visqueux ou gélifiant, et par conséquent le gel peut être facilement coupé avec les dents. Ces résultats montrent que la cellulose gélatineuse, avec sa texture fibreuse, peut être un nouveau matériau pour les salades, les desserts hypocaloriques, les plats préparés.

9. Perspectives d'avenir et conclusions

La cellulose microbienne s'est révélée être un biomatériau remarquablement polyvalent et peut être utilisée dans un large éventail d'activités scientifiques appliquées, notamment dans les produits en papier, l'électronique, l'acoustique et les dispositifs biomédicaux. En effet, les dispositifs biomédicaux ont récemment attiré une attention considérable en raison de l'intérêt accru pour les produits d'ingénierie tissulaire, tant pour le traitement des plaies que pour la régénération des organes endommagés ou malades. En raison de sa nanostructure et de ses propriétés uniques, la cellulose microbienne est un candidat naturel pour de nombreuses applications médicales et d'ingénierie tissulaire. Par exemple, une membrane de cellulose microbienne a été utilisée avec succès comme agent de cicatrisation pour les peaux gravement endommagées et pour remplacer les vaisseaux sanguins de petit diamètre. Les bandes non tissées de microfibrilles de cellulose microbienne ressemblent à la structure des matrices extracellulaires natives, ce qui laisse supposer qu'elles pourraient servir d'échafaudage pour la fabrication de nombreuses structures d'ingénierie tissulaire. En outre, les membranes de cellulose microbienne, qui ont une nanostructure unique, pourraient avoir de nombreuses autres applications dans la cicatrisation des plaies et la médecine régénérative, comme la régénération tissulaire guidée

(RTM), le traitement parodontal ou le remplacement de la dure-mère (une membrane entourant le tissu cérébral). En fait, la cellulose microbienne pourrait agir comme un matériau d'échafaudage pour la régénération de divers tissus, ce qui montre qu'elle pourrait devenir une excellente plate-forme technologique pour la médecine. Si la cellulose microbienne peut être produite en masse avec succès, elle finira par devenir un biomatériau vital et sera utilisée dans la fabrication d'une large gamme de dispositifs médicaux et de produits de consommation.

La faisabilité économique de la cellulose bactérienne dépend principalement de sa productivité. Le choix de la conception du fermenteur est particulièrement critique car il doit résister à un mouvement mécanique vigoureux de la culture d'*A. xylinum* à croissance rapide (aérobie obligatoire) et également empêcher la perturbation mécanique des fibrilles de cellulose et de la matrice fibrillaire. Une culture agitée donne une structure tridimensionnelle très ramifiée, semblable à un filet, tandis qu'une culture statique produit une pellicule de cellulose normale avec une structure lamellaire et une ramification moins importante. Les modifications souhaitées de la nature fibrillaire et/ou macroscopique du produit cellulosique peuvent être obtenues en faisant varier les facteurs de conception du fermenteur tels que la forme des récipients et des pales d'agitateur. L'avantage du réacteur à cuve d'agitation est sa capacité à empêcher l'hétérogénéité du bouillon de culture par une forte agitation mécanique, tandis que son inconvénient est le coût élevé de l'énergie nécessaire pour générer la puissance mécanique. Au contraire, les coûts énergétiques d'un réacteur de transport aérien représentent un sixième des coûts énergétiques d'un réacteur à cuve de brassage. Cependant, la puissance d'agitation d'un réacteur de transport aérien est limitée, ce qui entraîne une faible fluidité du bouillon de culture, surtout à des concentrations élevées de cellulose. Pour répondre aux différentes exigences, l'utilisation combinée d'un pont aérien et d'un réacteur à cuve de mélange ou la culture continue peut être une solution possible. L'utilisation de certains réacteurs modifiés tels que les réacteurs à disque rotatif, les contacteurs à biofilm rotatif, les bioréacteurs équipés d'un filtre rotatif ou un réacteur à membrane de silicone peut également être une solution raisonnable. L'un des principaux obstacles à l'adaptation industrielle de l'*A. xylinum* est l'accumulation inutile et nocive de sous-produits métaboliques provenant de sources de carbone par ailleurs souhaitables et la tendance marquée des souches sauvages à redevenir des mutants non producteurs de cellulose dans les conditions d'enrichissement en oxygène des fermentations en cuve agitée. L'isolement d'une souche génétiquement stable ayant une capacité sensiblement réduite à produire de l'acide gluconique a été obtenu par des procédures de mutagénèse et de sélection relativement standardisées ; cette souche devrait permettre une culture rapide et fiable sur un substrat de glucose dont le principal produit est la cellulose fibrillaire. Une autre approche pour augmenter la production de cellulose bactérienne est la modification génétique des bactéries. *G. xylinus* a un long temps de doublement par rapport à la plupart des autres bactéries, telles que *E. coli* et *B. subtilis*. Comme leur taux de croissance est relativement plus rapide que celui de *G. xylinus*, la modification génétique de ces bactéries sera également un moyen possible d'augmenter la production bactérienne de cellulose. Un moyen très prometteur d'obtenir des souches de valeur industrielle réside dans la manipulation génétique directe des gènes codant pour les catalyseurs de la synthèse de la cellulose, leurs enzymes auxiliaires de régulation et les structures membranaires pertinentes associées telles que les spores d'extrusion postulées. Cependant, la cellulose bactérienne obtenue à partir d'organismes génétiquement modifiés peut être soumise à des restrictions réglementaires en médecine et dans l'industrie alimentaire.

Références

Astley,M., Chanliaud, E., Donald, A. et Gidley, M.J. Déformation par traction des composites cellulosiques bactériens *Int. J. Biol. Macromol,* 32, 28-35, **2003.**

Bae, S., Sugano, Y., Ohi, K. et Shoda, M. Caractéristiques de la synthèse bactérienne de la cellulose chez un mutant provoqué par la perturbation du gène de la diguanylate cyclase 1 de l'*Acetobacter xylinum* BPR 2001, *Appl. Biotechnol.* 65.315-322, **2004.**

C'est tout, A.H. El-Saied, H. Performance d'une application améliorée de cellulose bactérienne dans la production de papier fonctionnel. *J. Appl. Microbiol.* 107, 2098-107, **2009**

Bellamy, W. Protéines unicellulaires provenant de déchets cellulosiques. *Biotechnologie. Bioeng.* 16, 869–880, **1974.**

Bielecki,S.,Krystynowicz,A.,Turkiewicz,M.,Kalinowska,H.Bacterial Cellulose.In : *Polysaccharides and Polyamides in the Food Industry,* A. Steinbüchel, S.K. Rhee (eds.), Wiley-VCH Verlag, Weinheim, Germany, pp. 31-85, **2005**.

Brown, Jr.R.M. Willison, J.H.M. und Richardson, C.L. Zellulose-Biosynthese dans *Acetobacter xylinum. Proc. Nat. Akad.Sci.* **USA,** 73, 4565-4569, **1976.**

Brown, Jr.R.M. The Biosynthesis of Cellulose, *Food Hydrocolloids,1,* 345-351, **1987**.

Brown, Jr. R. M. Advances in cellulose biosynthesis. IN : Evaluation of Biobased Materials Ed. H.C. Buddy. SERI/TR-234-3610, Département de l'énergie des États-Unis. Pages 9-1 à 9-7, **1989.**

Brown, Jr. R. M. Emerging technologies and future prospects for the industrialization of microbially derived cellulose. Dans : Exploitation de la biotechnologie pour le [21e] siècle Ed. Century, M.R. Ladisch et A Bose. Actes du neuvième symposium et exposition internationale sur les biotechnologies. Crystal City, Virginie. American Chemical Society, Washington, D.C. pp. 76-79, **1992**.

Brown, Jr. R. M. Understanding Nature's Preference for the Assembly of Cellulose I : Towards a New Biotechnological Age for Cellulose Proc. inter. Symp. Science et technologie des fibres. Éditeur. The Society for Fiber Science and Technology, Japon, pp. 437-239, **1994.**

Budhiono, A., Rosidia B., Tahera, H., Iguchib, M. Kinetic aspects of bacterial cellulose formation in the Nata de Coco culture system. *Carbohydrate polymers* 40, 137-143, **1999**.

Bungay, H., Serafica, G., Mormino, R. Effets de la cellulose microbienne sur l'environnement Dans : Wise DL (ed) Global Environmental Biotechnology (Studies in Environmental Sciences). Elsevier Science, Amsterdam, p. 691-700, **1997.**

Caterson, E.J., Li, W.J., Nesti, L.J., Albert, T., Danielson, K., Tuan, R. S. Amalgame polymère/alginate pour l'ingénierie des tissus cartilagineux. Dans : Sipe JD, Kelley CA, McNichol LA, Rédacteur en chef. Reparative medicine : growing tissues and organs, vol. 961, New York, New York Academy of Science, pp. 134-8, **2002.**

Czaja, W., Krystynowicz, A., Bielecki, S. et Brown, Jr. *Biomatterials,* 27, 145-151, **2006.**

Chang, A.L., Tuckerman, J.R., Gonzalez, G., Mayer, R., Weinhouse, H., Volman. G., Amikam, D., Benziman, M. und Gonzalez, M. Regulator der Cellulosesynthese in *Acetobacter xylinum.* *Biochemie,* 40, 3420-3426, **2001.**

Chao Y., Ishida T., Sugano Y. et Shoda M. Production de cellulose bactérienne par *Acetobacter xytinum* dans un réacteur à circulation interne 50-1 à air lift. *Biotechnol. Bioeng.* 68, 345-352, **2000.**

Colvin, JR. et Beer, M. La formation de microfibrilles de cellulose dans des suspensions d'*Acetobacter xylinum.* *Peut. J. Microbiol.* 6, 631-637, **1960**

Colvin, R. et Leppard, G. Purification du précurseur de la cellulose bactérienne. *J. Polym. Partie scientifique C* : Polym.Symp. Volume 36, édition 1, pages 417-424, **1971.**

DeWulf, P., Joris, K., Vandamme, E.J. Formation de cellulose améliorée par un mutant d'Acetobacter xylinum qui est limité dans la synthèse du (céto)gluconate. *J. Chem. Technol. Biotechnologie.* 67, 376- 380, **1996.**

Delmer, P.D. et Yehudit, A. Biosynthèse de la cellulose. *The Plant Cell*, 7, 987-1000, **1995.**

Delmer, P.D. Cellulose Biosynthesis : Des temps passionnants pour un domaine d'étude difficile. *Annuaire. Rev. Physiol des plantes. Planter Mol. Biol.* 50, 245-76, **1999.**

Embuscado, M., Marks, J. et Bemiller, J. Cellulose bactérienne. I. Facteurs affectant la production de cellulose par l'*Acetobacter xylinum. Food Hydro.* 8, 407-418, **1994a**

Embuscado, M., Marks, J. et Bemiller, J. Cellulose bactérienne. II. optimisation de la production de cellulose d'*Acetobacter xylinum* par la méthodologie de la surface de réponse. *Food Hydro.* 8, 418- 430, **1994b.**

Finn, M. D., Schow, S. R., et Schneiderman, E. D. Régénération osseuse en présence de quatre agents hémostatiques courants. *J. Oral. Chirurgie maxillo-faciale*, 50, **1992.**

Fink, H. Vaisseaux sanguins artificiels : études sur les interactions des cellules endothéliales et du sang avec la cellulose bactérienne. Thèse de doctorat, Université de Göteborg. Académie Sahlgrenska, Institut des sciences cliniques. Département de chirurgie, **2009.**

Fontana, J.D., deSouza,A., Fontana,K., Toriani,I., Moreschi,J., Gallotti,J., de Souza,S., Narcisco, P., Bichara,J. et L.F.X. Farah. Acétobacter cellulose pelliculaire comme remplacement temporaire de la peau. *Appl. biochem.biotech.* 24, 253-264, **1990.**

Fontana, J.D., Franco, V.C., Souza, S.J., Lyra, I.N. et Souza, A.M. Nature des stimulateurs végétaux utilisés dans la production du biofilm Acetobacter xylinum ("champignon du thé") utilisé en thérapie cutanée *Appl. La biochimie. Biotechnologie.* 25, 341-351, **1991**.

Gromet-elhanan, Z., Hestrin, S., synthèse de la cellulose par *Acetobacter xylinum*. VI. croissance sur des intermédiaires du cycle de l'acide citrique, *J. Bacteriol. 85,* 284-292, **1963**.

Geyer, U., Klemm, D., Schmauder, H. Kinetics of the use of different C-sources and cellulose formation by *Acetobacter xylinum*, *Acta. Biotechnol. 14,* 261-266, **1994.**

Geyer,U., Heinze,T.,Stein,A., Klemm,D., Marsch,S., Schumann, D.,Schmauder,H., Formation, derivatization and applications of bacterial cellulose, *Int. J. Biol. Makromol. 16*, 343-347, **1994**.

Green, J. In W. Pigman et D. Norton (ed.), The Carbohydrates. New York, Academic Press. S. 1106-1120, **1980**.

Gouda, M. et Keshk, S. M.A.S., Evaluation des propriétés multifonctionnelles du tissu en coton à partir d'un film métallique de chitosane. *Les glucides. Polym.,* 80, 505-513, **2010.**

Hackney, J., Atalla, R. et Vanderhart, D. Modification de la cristallinité et de la structure cristalline de l'*Acetobacter xylinum* en présence de soluble ☐ polysaccharides liés à l'eau-1 ,4. *Int.J. Biol. Macromol.* 16, 215-218, **1994**.

Haigler, H., Brown, M. et Benziman, M. Calcofluor white ST modifie la structure in vivo des microfibrilles de cellulose. *Science,* 210, 903-906, **1980.**

Haigler, H., White, R., Brown, M. et Cooper, M. : modification de la disposition des bandes de cellulose in vivo par de la carboxyméthylcellulose et d'autres dérivés de la cellulose. *J. Cell Biol.* 94.64-69, **1982.**

Haigler, H. et Chanzy, H. Analyse par diffraction des électrons de la cellulose modifiée synthétisée par *Acetobacter xylinum* en présence d'azurants fluorescents et de colorants directs. *J. Ultrastructural. Mol. structure. Rés.* 98, 299-311, **1988.**

Haigler, C.H. Relationship between polymerization and crystallization in microfibril biogenesis : In - Biosynthesis and biodegradability from celluloseǁ, (Haigler, C.H. and Weimer, P.J. eds), Marcel Dekker, Inc. New York, USA, pp. 99-124, **1991.**

Hayashi, T., Marsden, E. et Delmer, P. Pea Xyloglucan et cellulose. V. Interactions entre le xyloglucane et la cellulose in vitro et in vivo. *Plant Physiol,* 83, 384-389, **1987.**

Hestrin,S. et Schramm,M., synthèse de la cellulose par *Acetobacter xylinum* : II. production de cellules lyophilisées capables de polymériser le glucose en cellulose, *biochimie. J.* 58, 345–352, **1954.**

Hirai, A., Horii, F., Kitamaru, R. Transformation de cristaux de cellulose natifs de la cellulose I en I par des réactions chimiques à l'état solide. *Macromolécules,* 20, 1440-1442, **1987.**

Hirai, A., Masaki T., Yamamoto, H. et Horii, F. Influences de divers additifs polymères sur la formation des microfibrilles comme le montre la microscopie électronique à transmission. *Cellulose,* 5, 201-213, **1998.**

Hioki, N., Hori, Y., Watanabe, K., Morinaga, Y., Yoshinaga, F., Hibino, Y. et Ogura, T. Cellulose bactérienne ; comme nouveau matériau pour la production de papier. *Kami-Gikyo-Shi,* 49, 82-87, **1995**

Horii, F., Yamamoto, H. et Hirai, A. Microstructural analysis of microfibrils of bacterial cellulose. *Macromol. Symp.* 120, 197-205, **1997.**

Huang, J., Zhang, L. et Chen, F. Effects of lignin as a filler on the properties of soy protein plastics
I. Lignosulfonate. *J. Appl. polym. Sci.* 88, 3284-90, **2003.**

Hult, E., Yamanaka, S., Ishihara, M. et Sugiyama, J., agrégation de bandes dans la cellulose bactérienne induite par une incubation à haute pression. *Les glucides. polym...* 53, 9-14, **2003.**

Hatter, D.W. Échafaudages en ingénierie tissulaire des os et des cartilages. *Biomatériaux,* 21.2529-43,
2000.

Isizawa,S. et Araragi, M. Chromogénicité des actinomycètes. Dans : *Actinomycètes : The Boundary Microorganisms,* T. Arai (eds.), Toppan Co., Tokyo, Japon, pp. 43-65, **1976.**

Ishida,T., Sugano, Y., Nakai,T., Shoda, M. Effects of acetane on the production of bacterial cellulose by *Acetobacter xylinum, Biosci. Biotechnologie. Biochimie.* 66, 1677–1681, **2002.**

Ishihara, M., Matsunaga, M., Hayashi, N. Tisler, V. Utilisation du D-Xylose comme source de carbone pour la production de cellulose bactérienne. *Enz. Microbiol.technol.* 31, 986-991, **2002.**

Iwata, T., Indrarti, L. et Azuma, J. Affinité de l'hémicellulose avec la cellulose produite par *Acétobacter xylinum. Cellulose,* 5, 215-228, **1998.**

Jonas, R. et Farah. L. Production et utilisation de la cellulose microbienne. *Polym. dégradation. tige...*
39, 101-106, **1998.**

Johnson, D. C. et Neogi, A. N. Produits en feuilles formés à partir de cellulose microbienne réticulée. Brevet américain 4.863.565, **1989.**

Jung,Y., Park, J., Chang,H., Production de cellulose bactérienne par *Gluconoacetobacter hansenii* dans une culture en mouvement sans cellules vivantes non productrices de cellulose, *Enz. Microbe. Technol. 37,* 347-354, **2005.**

Kai, A., Arashida, T., Hatanaka, K., Akaike, T., Matsuzaki, K., Mimura, T. et Kaneko, Y. Analysis of the biosynthesis process of cellulose and curdlan using [13C-labelled] glucose. *Carbohydrate.polym.* 23, 235-239, **1994**

Kai, A. et Keshk, S.M.A.S. Structure of nascent microbial cellulose I, *Polym. J. ,* 30, 996, **1998.**

Kai, A. und Keshk, S.M.A.S. Structure of Nascent Microbial Cellulose II, *Polym.J. ,* 31, 61, **1999**.

Kai, A. et Mondal, I. Influence du substituant du colorant direct à structure de squelette bisphénylènebis(azo) sur la structure de la cellulose naissante produite par l'*Acetobacter xylinum* [I] : influence différente du rouge direct 28, du bleu 1 et du 15 sur la structure naissante. *Int. J. Biol. macromolécules*, 20, 221-231, **1997.**

Kai, A. et Keshk, S.M.A. Structure de la cellulose microbienne naissante V. Influence des positions o+ des groupes sulfonates dans les azurants optiques sur la structure cristalline de la cellulose microbienne V. Influence des positions o+ des groupes sulfonates dans les azurants optiques sur la structure cristalline de la cellulose microbienne *Polym. J.,* 30 : 996-1000, **1998.**

Kai, A. et Keshk, S.M.A. Structure de la cellulose microbienne naissante VI. Influence de la position des groupes sulfonates dans l'azurant de fluorescence sur la structure cristalline de la cellulose microbienne. *Polym. J.* 31, 61-65, **1999.**

Kawano,S.,Tajima,K., Kono,H., Erata,T., Munekata,M., Takai,M. Les effets de l'endo... 1,4-glucanase sur la biosynthèse de la cellulose dans *Acetobacter xylinum* ATCC 23769, *J. Biosci. Bioeng.* 94, 275-281, **2002.**

Kawano,S.,Yasutake,Y.,Tajima,K.,Satoh,Y.,Yao,M.,Tanaka,I. et Munekata, M. Crystallization and preliminary crystallographic analysis of the protein CMCax related to cellulose biosynthesis from *A.* xylinum, *Acta Crystallogr. F, structure. Biol. Crystal. Commun.* 61, 252–254, **2005.**

Kawecki, M., Krystynowicz, A., Wysota, K., Czaja, W., Sakiel, S. et blewski, P. Biosynthèse de la cellulose bactérienne, propriétés et applications. Conférence internationale d'examen des biotechnologies, Vienne, Autriche, p. 14-18, novembre **2004.**

Keshk, S.M.A. et Kai, A. Influence du nombre et des positions du groupe sulfonate dans l'azurant de fluorescence sur la structure résultante de la cellulose bactérienne. La 6e Conférence internationale arabe sur la science des matériaux, Alexandrie, Égypte, S. 115, **2000**

Keshk, S.M.A.S. *Gluconacetobacter xylinus* : une nouvelle ressource pour la cellulose. *L'Égypte. J.Biotech.* 11, 305, **2002.**

Keshk, S.M.A.S. et Nada, A. Dérivatisation hétérogène des celluloses bactériennes et végétales. *la biotechnologie. Les sciences de la vie. Asie,* 1, 39, **2003.**

Keshk, S.M.A.S. et Sameshima, K. Evaluation de différentes sources de carbone pour la production de cellulose bactérienne. *Afri. J. Biotechnologie.*, 4, 478, **2005**.

Keshk, S.M.A.S., Suwinarti, W. et Sameshima, K. Physical structure characterization of high viscosity kenaf rapia pulps *Japon Tappi J.*, 59 (12), 75, **2005**.

Keshk, S.M.A.S., Suwinarti, W. et Sameshima, K. Physico-chemical characterization of different treatment sequences on the kenaf bast fibre. *Les glucides. polym.* 65, 202, **2006**.

Keshk, S.M.A.S et Sameshima, K. Utilisation de mélasse de canne à sucre avec/sans présence de lignosulfonate pour la production de cellulose bactérienne. *Application Microb. Biotechnologie,* 72, 291, **2006**.

Keshk, S.M.A.S, Razek, T. et Sameshima, K. Production de cellulose bactérienne à partir de mélasse de betteraves. *Afri. J. Biotechnologie.*, **5**, 1519, **2006**.

Keshk, S.M.A.S et Sameshima, K. Influence du lignosulfonate sur la structure cristalline de la cellulose bactérienne. *Enz. Microbien. Technol.,* 40, 4-8, **2006**

Keshk, S.M.A.S. Propriétés physiques des feuilles de cellulose bactérienne préparées en présence de lignosulfonate *Enz. Microbien. Technol.* 40, 9-12, **2006**.

Keshk, S.M.A.S. et Nada, A. Modification chimique de certains déchets cellulosiques pour augmenter leur efficacité comme échangeurs d'ions *L'Égypte. J. Chem.* 50 (3), **2007**.

Keshk, S.M.A.S. Réaction homogène de la cellulose provenant de diverses sources naturelles. *Hydrate de carbone. Polym.* 74, 942-945, **2008**.

Keshk, S.M.A.S et Haijia, M, Une nouvelle méthode pour la production de cellulose microcristalline à partir
Gluconacetobacter xylinus et Kenaf. *Carbohydrate.polym.* **dans la presse 2011.**

Kobayashi, K. Rosenbloom, C., Beaudet, A.L. et O'Brien, W.E. Mutations supplémentaires dans l'argininosuccinate-synthétase qui causent la citrullinémie. *Mol. Biol. Med.* 8, 95-100, **1991**.

Kouda, T., Naritomi, T., Yano, H., Yoshinaga, F. Inhibitory effect of carbon dioxide on bacterial cellulose production by Acetobacter in moving culture. *J.Ferment. Bioeng.*, 85, 318-321, **1998**.

Kim, D., Nishiyama, Y. et Kuga, S acétylation de surface de la cellulose bactérienne. *Cellulose,* 9, 361-367, **2002**.

Kim, Y,Y., Ribeiro, L., Maillot, F., Ward, O., Eichhorn, S.J., Meldrum, F.C. Synthèse bioinspirée de composites calcite-polymère aux propriétés mécaniques supérieures. *Matériels avancés,* 22, 2082-2086, **2010**.

Klemm, D., Schumann, D., Udhardt, U. et Marsch, S. ont synthétisé de façon bactérienne des vaisseaux sanguins artificiels en cellulose pour la microchirurgie. *Prog. polym. Sci.* 26.1561-603, **2001**.

Kudlicka, K., Brown RM, Jr, Li, L., Lee, J., Shin, H., Kuga, S. Synthèse de [bêta]-glucane dans la fibre de coton (IV. Assemblage in vitro de cellulose I allomorphe). *Plant physiol,* 107, 111-123, **1995.**

Kuwana, Y. Production et nouvelle fonction de Nata de Coco. *Cell.commun.* , 4, 25-28, **1997.**

Lee KY, DJ Mooney. Hydrogele für Tissue Engineering. *Chimie. Rev.* 101.186 9-79, **2001**

Lapuz, M.M., E.G. Gallardo et M.A. Palo. L'organisme Nata - exigences culturelles, caractéristiques et identité. *The Philippine Journal of Science* 96, 91-109, **1969.**

Masaoka, S., Ohe, T. et Sakota, N. Production de cellulose à partir de glucose par *Acetobacter xylinum. J. Fermen. Bioeng.* 75, 18-22, **1993.**

Meshitsuka, G. et Isogai, A. Structures chimiques de la cellulose, des hémicelluloses et de la lignine Dans :
-Modification chimique de la lignocellulose materials‖, (David, H.S.N., ed.), Marcel Dekker. Inc, New York, États-Unis. S. 11-33,**1993.**

Mondal, I. et Kai. A. Structure de la cellulose microbienne naissante I. Effets des groupes méthyle et méthoxy de Direct Blue 1 et 53 sur la cellulose microbienne naissante. *Polym. J.,* 30, 78-83, **1998a.**

Mondal, I. et Kai. A. Structure de la cellulose microbienne naissante II. Effets des groupes méthyle et méthoxy de Direct Blue 14 et 15 sur la cellulose microbienne naissante. *Polym. J.,* 30, 84-89, **1998b.**

Mondal, I. et Kai, A. Influence de la substitution d'un colorant direct par la structure squelettique du biphénylènebis(azo) sur la structure de la cellulose naissante produite par l'*Acetobacter xylinum* [II]. *J. Appl. Poly.Sci.,* 71.1007-1015, **1999.**

Millon, L., Guhados, G. et Wan, W. Anisotropic polyvinyl alcohol-bacterial cellulose nanocomposite for biomedical applications *J. Biomed. Mat. Res. Part B : Applied Biomaterials,* 86, 444-452, **2008.**

Nada, A., Shabaka, A., Yousef, A. et Nour, A. Études spectroscopiques infrarouges et diélectriques sur la cellulose gonflée. *J Appl.Polym. Sci.* 40, 731-739, **1990.**

Nakai,T., Moriya,A., Tonouchi,N.,Tsuchida,T., Yoshinaga,F., Horinouchi,S., Sone,Y., Mori, H., Sakai,F., Hayashi,T., control of expression by the cellulose synthase (*bcsA*) promoter region from *Acetobacter xylinum* BPR 2001, *Gen,* 213, 93-100.**1998.**

Nakatsubo, F., Kamitakahara, H., Hori, M. Polymérisation par ouverture de cycle cationique du 3, 6-di-O benzyl-a-D-glucose 1, 2, 4-orthopivalate et première synthèse chimique de la cellulose. *J. Am. Chem. Soc.* 118, 1677-1681, **1996.**

Novaes, Jr.A.B. et Novaes, A.B. Implants IMZ placés dans des alvéoles d'extraction en combinaison avec la thérapie membranaire (Gengiflex) et l'hydroxyapatite poreuse - un cas d'étude. *Int.J.Oral. Maxillofac. Implants*, 7, 536-540, **1992.**

Novaes, Jr.A.B. et Novaes A.B. Implants immédiats dans les sites infectés : un rapport clinique. *Int.J.Oral. Maxillofac. Implants*. ,10, 609–13,**1995.**

Novaes, Jr.A.B. et Novaes A.B. Soft Tissue Management for Primary Closure in Guided Bone Regeneration : Surgical Technique and Case Report. *Int.J.Oral. Implants maxillofac.* ,12,84–7, **1997.**

Ochaikul,D.,Chotirittikrai,K., Chantra, J. et Wutigornsombatkul, S. Studies on the fermentation of *Monascus purpureus* TISTR 3090 with bacterial cellulose from *Acetobacter xylinum* TISTR 967, *KMITL Sci. Tech. J.* , 6, 13-17, **2006**

Ogawa, R. et Tokura, S. Production de cellulose bactérienne avec des résidus de N-acétylglucosamine. *Les glucides. Polym.*, 19, 171-178, **1992.**

Okiyama, A., Motoki, M. et Yamanaka, S. Cellulose bactérienne II. Transformation de la cellulose gélatineuse pour l'alimentation. *Food Hydrocolloids,* 6, 479-487, **2009.**

Oikawa, T., Morino, T. et Ameyama, M. Production de cellulose à partir de D-arbitol par *Acetobacter xylinum* KU-1. *Sciences de la vie. Biotechnologie. Biochemistry*, 59, 1564-1565, **1995.**

Park, J., Jung,Y., Park,Y., production de cellulose par *Gluconacetobacter hansenii* dans un milieu contenant de l'éthanol, *lettre biotechnologique.* 25, 2055-2059, **2003.**

Pagliaro, M. Oxydation autocatalytique des groupes hydroxyles primaires de la cellulose dans l'acide phosphorique avec des halogénures. *Les glucides. Res.* , 308, 311-317, **1998.**

Pagliaro, M. Nouvelle iodation de la cellulose dans l'acide phosphorique. *Carbohydrate.res.* , 315, 350–353, **1999.**

Pollack, R. P., & Bouwsma, O. Application de la cellulose régénérée oxydée dans la thérapie parodontale. *Compendium,* 13, 888-892, **1992.**

Premjet, S., Ohtani, Y., Sameshima, K. The contribution of high molecular weight lignosulfonate to the powerful bacterial cellulose production system with *Acetobacter xylinum* ATCC10245. *SEN GAKKAISHI* , 50, 64-69, **1994.**

Puri,V., Influence de la cristallinité et du degré de polymérisation de la cellulose sur la saccharification enzymatique. *Biotechnol. Bioeng.* 26, 1219–1222, **1984.**

Ramana, K., Tomar, A., Singh, L. Effet de différentes sources de carbone et d'azote sur la synthèse de la cellulose par *Acetobacter xylinum. World J. Microbiol. Biotechnologie.* 16, 245-248, **2000.**

Ross, P., ilayer, R. et Benziman, I. Biosynthèse de la cellulose et fonction dans les bactéries. *Microbiol. Rev* 55(1) : 35-58,**1991**.

Romano, M., Franzosi, G., Seves, A., Sora, S. Étude de la production de gel de cellulose et de cellulose par Acetobacter xylinum. *Cellulose Chem. Technol.* 23, 217-223, **1989**.

Richmond, P. Occurrence and functions of native cellulose. Dans : *Biosynthesis and biodegradation of cellulose*, C.H. Haigler, P.J. Weimer (eds.), Marcel Dekker, Inc. New York, USA, pp. 5-23, **1991**.

Saxena,I., Kudlicka,K., Okuda,K., Brown Jr.,R., Characterization of genes in the cellulose-synthesizing operon (acs operon) of *Acetobacter xylinum* : Implikationen für die Kristallisation von Cellulose, *J. Bacteriol.* 176, 5735–5752, **1994**.

Sakairi, N., Asano, H., Ogawa, M., Nishi, N. et Tokura, S. A method for direct harvesting of bacterial cellulose filaments during the continuous cultivation of *Acetobacter xylinum* *Carbohydr. polym.* , 35, 233-237, **1998**.

Salata, L.A., Craig, G.T., Brook I.M. Évaluation in vivo d'une nouvelle membrane (Gengiflex) pour la régénération osseuse guidée (GBR). *J. Dent. Rés.* 74, 825, **1995**.

Sattler, K. et Fiedler, S. Production et application de la cellulose bactérienne : II. culture dans un fermenteur à tambour rotatif. **Central bl. Microbiol.** 145, 247-252, **1990.**

Schlufer, K., Schmauder, H., Dorn, S. et Heinze, T. Efficient homogeneous chemical modification of bacterial cellulose in the ionic liquid 1-N-butyl-3-methylimidazolium chloride. *Macromol. Fast Commun.* , 27, 1670–1676, **2006**.

Shirai, A., Takahashi, M., Kaneko, H., Nishimura, S., Ogawa, M., Nishi, N. et Tokura, S. Biosynthèse d'un nouveau polysaccharide par *Acetobacter xylinum*. *Int. J. Biol. Macromol.* 16, 297- 300, **1994**.

Standal,R., Iversen, T., Coucheron, D., Fjaervik, E., Blatny,J. et Valla, S.,A. Un nouveau gène nécessaire à la production de cellulose et un gène codant pour l'activité cellulolytique d'*Acetobacter xylinum* sont colocalisés avec l'opéron bcs, *J. Bacteriol.* 176, 665–672, **1994**.

Stammen, J.A., Williams, S., Ku, D.N., Guldberg, R.E. Mechanical properties of a novel PVA hydrogel under shear and non-restricted compression. *Biomatériaux,* 22.799-806, **2001**.

Svensson, A. Nicklasson,E,Harrah, H. , B. Panilaitis,B.,Kaplam, D., Brittberg, M. P. La cellulose bactérienne comme échafaudage potentiel pour l'ingénierie tissulaire du cartilage. *Biomaterials,* 26, 419-431, **2005**.

Tal, R., Wong,H., Calhoon,R., Gelfand,D., Fear, A., Volman,G., Mayer,R., Ross,P., Amikam,D., Weinhouse,H., Cohen,A., Sapir,S. Ohana,P. et Benziman,M. Three cdg-operons control the cellular turnover of cyclic di-GMP in *Acetobacter xylinum* : Genetic organization and presence of conserved domains in isoenzymes. *J. Bactériol.* 180, 4416–4425, **1998**.

Tajima, K., Fujiwara, M. et Takai, M. Contrôle biologique de la cellulose. *Macromol. Symp.* 99, 149-155, **1995.**

Tonouchi, N., Tahara, N. , Tsuchida, T., Yoshinaga, F. et Beppu, T. L'ajout d'une petite quantité d'endoglucanase augmente la production de cellulose par *Acetobacter xylinum*. *Sciences de la vie. Bio-ingénierie. La biochimie.* 59, 805-808, **1995.**

Tonouchi, N., Tsuchida, T., Yoshinaga, F., Beppu, T. et Horinouchi, S. Characterization of the biosynthetic pathway of cellulose from glucose and fructose in *Acetobacter xylinum.* *Biosciences. Bio-ingénierie. La biochimie.* , 60 : 1377-1379, **1996.**

Tokoh, C., Takabe, K., Sugyiama, J. et Fujita, M. Synthèse de la cellulose par Acetobacter xylinum en présence de polysaccharides de la paroi cellulaire végétale. *Cellulose* 9, 65-74, **2002.**

Uhlin, K., Atalla, R. et Thompson, N. Influence of hemicelluloses on the aggregation patterns of bacterial cellulose. *Cellulose,* 2, 129-144, **1995.**

Vandamme, E.J., De Baets, S., Vanbaelen, K., Joris, K. et De Wulf, P. Amélioration de la production de cellulose bactérienne et de son potentiel d'application. *Polym. Degrad. et Stab*. 59, 93-99, **1998.**

Vanderhart, D.L. et Atalla, R.H. Investigations of the microstructure in native cellulose with solid
13C-NMR. Macromolécules, 17, 1465-1472, **1984.**

Vanvoglis,A. The organic chemistry of polycoordinated iodine, VCH, Weinheim, S. 133, **1992**

Watanabe, K., Tabuchi, M., Morinaga, Y. et Yoshiinaga, F. Structural characteristics and properties of bacterial cellulose produced in agitated culture *Cellulose*, 5, 187-200, **1998.**

Whitney, S., Brigham, J., Darke, A., Grant Reid, J. et Gidley, M. Structural aspects of the interaction of Mannan-based polysaccharides with bacterial cellulose. **Carbohydrate Res.,** 307.299- 309, **1998.**

White, D.G. et R.M. Brown, Jr. Perspectives de commercialisation de la biosynthèse de la cellulose microbienne Dans : Cellulose et bois - Chimie et technologie, Ed. Schürch. John Wiley and Sons, Inc. N.Y., pp. 573-590, **1989.**

Wiegand,C., Klemm, D., Influence of preservatives for the conservation of *Gluconacetobacter xylinus* on its cellulose production, *Cellulose, 13,* 485-492, **2006.**

Wiely, J.H. und Atalla, R.H. In : The structure of cellulose (R.H.Atalla, Hrsg.) ACS Symposium Serie Chicago, S. 151, **1985.**

Wong,H., Fear,A., Calhoon,R., Eichinger,G., Mayer,R., Amikam,D., Benziman, M., Gelfand, H., Meade,H., Emerick,A., Bruner,R., Ben-Bassat, R. Tal, Genetic Organization of the Cellulose

Synthase Operon in *Acetobacter xylinum*, ***Proc. Natl. Acad. Sci. USA.*** 87, 8130-8134, **1990**.

Yamanaka, S., Watanabe, K., Kitamura, N., Iguchi, M., Mitsuhashi, S., Nishi, Y. et Uryu, M. La structure et les propriétés mécaniques des plaques fabriquées à partir de cellulose bactérienne. ***J.Mater. Sci.*** 24, 3141, **1989**.

Yamamoto, H., et Horii, F. CP/Mass [13C] analyse par RMN de la transformation cristalline induite pour la cellulose Valonia par recuit à haute température ***Macromolécules,*** 26, 1313-1317, **1993**.

Yamamoto, H., Horii, F. et Hirai, A. In-situ crystallization of bacterial cellulose II. Influences de divers additifs polymériques sur la formation de celluloses I_α et I_β dans les premiers stades de l'incubation. ***Cellulose,*** 3, 229-242, **1996**.

Yoshinaga, F., Tonouchi, N., Watanabe, K. Les progrès de la recherche dans la production de cellulose bactérienne par aération et agitation des cultures et son application comme nouveau matériau industriel. ***Sciences de la vie. Biotechnologie.biochimie***, 61, 219-224, **1997**.

Yoshino, T., Asakura,T., Toda,K., production de cellulose par *Acetobacter pasteurianus* sur membrane de silicone, ***J. Ferment. Bioeng.*** *81,* 32-36, **1996**.

Yu, X. et Atalla, R. Production de cellulose II par *Acetobacter xylinum* en présence de 2,6-dichlorobenzonitrile. ***Int. J. Biol. Macromol.*** 19, 145-146, **1996**.

Zaar,K. La visualisation des pores (sites d'exportation) est en corrélation avec la production de cellulose dans l'enveloppe de la bactérie Gram-négative Acetobacter xylinum. ***J. Cell. Biol.*** 80.773-777, **1979**.

Contenu

Printed by Books on Demand GmbH, Norderstedt / Germany